朝倉化学大系 ⑮

伝導性金属錯体の化学

山下正廣・榎　敏明［著］

朝倉書店

編集顧問
佐野博敏（大妻女子大学学長）

編集幹事
富永　健（東京大学名誉教授）

編集委員
徂徠道夫（大阪大学名誉教授）
山本　学（北里大学教授）
松本和子（早稲田大学教授）
中村栄一（東京大学教授）
山内　薫（東京大学教授）

はじめに

　これまでに日本語で書かれた伝導体に関する本は比較的多いが，それらはほとんどが物理学者の手によるものであった．またその内容は無機化合物，とりわけ合金や酸化物などが中心であった．1980年代に有機物の超伝導体が発見されてからは，少ないながらも化学者の手による有機伝導体に関する本が出版されるようになってきた．このことは伝導体に関する研究の発展の経緯（歴史）から致し方ないことかもしれない．ところが，金属錯体の伝導体に関する本はこれまで皆無といってもかまわないかもしれない．それは金属錯体から構成される伝導体が1990年代以降に研究され始めるようになったためである．

　序章でも紹介しているように，分子性の伝導体の研究が1950年代に日本の赤松，井口，松永によるペリレン-臭素錯体から始まり，1980年の世界で初めての$(TMTSF)_2PF_6$における超伝導体の発見まで，まさに有機分子が主役であった．ところが1990年代に入り有機伝導体のカウンターアニオンに積極的に常磁性金属イオンや金属錯体を導入し，伝導電子（π電子）と局在電子（d電子）の相互作用を研究する例が増えてきた．さらには，$(DM-DCNQI)_2Cu$に見られるように，フェルミ面がd-π複合電子系から構成されているものも多数合成されるようになった．このことからもわかるように，まさに21世紀の分子性伝導体の主流は金属錯体の時代になったといえよう．このような時期に『伝導性金属錯体の化学』を出版することはまさにタイムリーなことと考えている．このような機会をいただいた早稲田大学の松本和子教授に感謝したい．

　序章ではこれまでの伝導性化合物の歴史を概略している．第Ⅰ部は榎により，伝導性金属錯体を理解する上で必要な「伝導と磁性」に関する理論的な基礎概念を紹介している．固体化学を習ったことのない学生には少し難しいかも

しれないが，臆せずに読んで欲しいと考えている．第II部では山下により「伝導性金属錯体」を歴史的に追い，かつ分類しながら，また具体的化合物の例を豊富に紹介しながら説明している．

本書は第II部から読み始めてもよい構成としている．若干，I部とII部の内容にバランスをかく面があるかもしれないが，より早く「伝導性金属錯体」の本を是非とも出版したいと考える筆者らの希望に免じて欲しい．

最後に本書をまとめるにあたり，小林昭子(東京大学)，小林速男(分子科学研究所)，薬師久弥(分子科学研究所)，加藤礼三(理化学研究所)，齋藤軍治(京都大学)，稲辺保(北海道大学)，内藤俊雄(北海道大学)，芥川智行(北海道大学)，中村貴義(北海道大学)，北川宏(九州大学)，小島憲道(東京大学)，西川浩之(筑波大学)の各先生からは貴重な資料の提供や有益なディスカッションをいただいた．ここにお礼を申し上げる．また，朝倉書店の編集部には大変お世話になった．

山下は低次元金属錯体の研究を始めて25年以上経ったが，この分野の研究に入るきっかけを下さった恩師，木田茂夫九州大学名誉教授に深く感謝したい．

2004年11月

山　下　正　廣
榎　　敏　明

目　　次

0. 序　　章 ··· 1
   0.1 無機超伝導体の歴史 ··· 1
   0.2 有機伝導体の歴史 ·· 1
   0.3 伝導性金属錯体の歴史 ·· 5

I. 配位化合物結晶の電子・磁気物性の基礎

1. 結晶の動的挙動 ·· 10
   1.1 格子振動 ··· 10
   1.2 結晶の熱的性質 ·· 12

2. 自由電子に近いモデル ··· 16
   2.1 自由電子の振舞い ··· 16
   2.2 結晶ポテンシャル中の自由電子 ······························ 21

3. 原子に強く束縛された近似 ······································ 26

4. 種々の物性量の特徴 ··· 30
   4.1 電気伝導度 ·· 30
   4.2 磁化率 ·· 34
   4.3 結晶中の電子の挙動を反映するそのほかの物性量 ······ 36

5. 低次元電子系の特異性 ·· 39
   5.1 電子的不安定性 ··· 39

5.2　パイエルス転移 ……………………………………………… 43

6. 超伝導 …………………………………………………………… 48
　6.1　超伝導現象 ……………………………………………………… 48
　6.2　BCS理論 ……………………………………………………… 51

7. 局在スピンの振舞い …………………………………………… 54
　7.1　遷移金属d電子の不対電子 ……………………………………… 54
　7.2　スピンの常磁性磁化率 ………………………………………… 55
　7.3　磁気的相互作用と磁気異方性 ………………………………… 61
　7.4　磁気相転移 ……………………………………………………… 64
　7.5　磁気秩序状態 …………………………………………………… 69
　7.6　1次元反強磁性体 ……………………………………………… 73
　7.7　伝導電子と局在スピンの相互作用 …………………………… 77

8. 電荷移動錯体 …………………………………………………… 79
　8.1　電荷移動相互作用 ……………………………………………… 79
　8.2　分子配列と錯体の電子状態 …………………………………… 83

II.　伝導性金属錯体

9. d電子系錯体 …………………………………………………… 90
　9.1　テトラシアノ白金(II)錯体から部分酸化型白金錯体への展開 …… 90
　　9.1.1　1テトラシアノ白金(II)錯体 $M_x[Pt(CN)_4]\cdot nH_2O$ ……… 90
　　9.1.2　部分酸化型白金錯体の結晶構造と電子状態 ……………… 90
　　9.1.3　伝導性と光学的性質 ………………………………………… 95
　　9.1.4　コーン異常と電荷密度波 …………………………………… 98
　9.2　ハロゲノカルボニルイリジウム錯体 ………………………… 99
　9.3　部分酸化型マグナス塩 ………………………………………… 103
　9.4　部分酸化型オキサラト白金錯体 ……………………………… 104

10. (π)-d 電子系錯体 ……………………………………………… 110
10.1 部分酸化型オキシム錯体 …………………………………… 110
10.1.1 [Pd(Hgly)$_2$]I (H$_2$gly=glyoxime) ………………………… 110
10.1.2 [M(Hdpg)$_2$]I (M=Pd, Ni) (H$_2$dpg=diphenylglyoxime) …… 111
10.1.3 [M(Hbqd)$_2$]I$_x$・nSolvent (M=Pd, Ni) (H$_2$bqd=benzoquinone-dioxime) ………………………………………………… 112

11. π-(d) 電子系錯体 ……………………………………………… 115
11.1 部分酸化型白金錯体 Li$_{0.8}$(H$_3$O)$_{0.33}$[Pt(mnt)$_2$]1.67H$_2$O ……… 115
11.2 TCNQ-オキシマト金属錯体 …………………………………… 116
11.3 部分酸化型テトラアザアヌレン金属錯体 …………………… 119
11.4 部分酸化型フタロシアニン錯体 ……………………………… 120
11.5 部分酸化型ポルフィリン金属錯体 …………………………… 132

12. π-d (閉殻) 局在複合電子系 …………………………………… 135
12.1 (TMTSF)$_2$X(X=PF$_6^-$, AsF$_6^-$, SbF$_6^-$, ReO$_4^-$, FSO$_3^-$, ClO$_4^-$) …… 135
12.2 BEDT-TTF 塩 …………………………………………………… 137
12.2.1 (BEDT-TTF)$_2$Cu(NCS)$_2$ ……………………………………… 138
12.2.2 (BEDT-TTF)$_2$Cu[N(CN)$_2$]X(X=Cl, Br) …………………… 140

13. π-d (開殻) 電子系錯体 ………………………………………… 143
13.1 (BEDT-TTF)$_2$MCo(SCN)$_4$ …………………………………… 143
13.2 (BEDT-TTF)$_2$FeCl$_4$ と (BEDT-TTF)FeBr$_4$ ………………… 145
13.3 (BEDT-TTF)$_3$Cu^{II}Cl$_4$・H$_2$O ……………………………………… 147
13.4 (BEDT-TTF)$_6$Cu$_2$Br$_6$ …………………………………………… 149
13.5 β''-(BEDT-TTF)$_3$MnCl$_4$(1, 1, 2-C$_2$H$_3$Cl$_3$) ………………… 149
13.6 (BEDT-TTF)$_2$[Mn$_2$Cl$_5$(EtOH)] ……………………………… 151
13.7 (BEDT-TTF)$_3$(MnCl$_3$)$_2$(C$_2$H$_5$OH)$_2$ ………………………… 152
13.8 (BEDT-TTF)$_8$(Mn^{II}Br$_4$)$_2$(1, 2-dichloroethane) と (BEDT-TTF)$_3$

$Mn^{II}Br_4$ ………………………………………………………… 153
13.9 κ-$(Et_4N)(BEDT$-$TTF)_4[M(CN)_6]\cdot 3H_2O(M=Co^{III}, Fe^{III}, Cr^{III})$ …… 154
13.10 $(BEDT$-$TTF)_4AFe(C_2O_4)_3\cdot C_6H_5CN(A=H_3O, K, NH_4)$ …… 155
13.11 $(BEDT$-$TTF)_4(H_3O)Cr(C_2O_4)_3\cdot C_6H_5CN$ ………………… 156
13.12 $(BEDT$-$TTF)_5[MM'(C_2O_4)(NCS)_8](MM'=Cr^{III}$-$Fe^{III}, Cr^{III}$-$Cr^{III})$ ·· 157
13.13 強磁性金属 $(BEDT$-$TTF)_3[MnCr(C_2O_4)_3]$ ………………… 157
13.14 反強磁性超伝導体 $(BETS)_2MX_4$ ………………………… 159
13.15 $(BETS)_x[MnCr(ox)_3]\cdot (CH_2Cl_2)(x\sim 3)$ ………………… 163
13.16 $(DMET)_2FeBr_4$ ………………………………………… 164

14. π-d 融合電子系錯体 …………………………………… 166
14.1 $(R_1, R_2$-$DCNQI)_2Cu$ ……………………………………… 166
14.2 $R[M(dmit)_2]_2(R=TTF, (CH_3)_4N, etc ; M=Ni, Pd)$ ………… 171
14.3 イオンチャンネルを含む分子性導体 $(M^+)_x(18$-$crown$-$6)$
$[Ni(dmit)_2]_2$ ……………………………………………… 174
14.4 スピンラダー型 $[Ni(dmit)_2]$ ……………………………… 176
14.5 分子ローター $(Cs^+)_2([18]$ $crown$-$6)_3[Ni(dmit)_2]$ …………… 178
14.6 $[(CH_3)_{4-x}NH_x][Ni(dmise)_2]_2(x=1-3), Cs[Pd(dmise)_2]_2$ …… 180
14.7 単一分子性金属への展開 $[Ni(ptdt)_2]$ から $[Ni(tmdt)_2]$ へ …… 180
14.8 Cu に配位した BEDT-TTF 分子をもつ電荷移動型錯体 ……… 182

15. d-σ 複合電子系錯体 …………………………………… 185
15.1 MX 系化合物 ……………………………………………… 186
15.2 MMX 系化合物 …………………………………………… 189
15.3 Au^I-Au^{III} 混合原子価錯体, $Cs_2[Au^IX_2][Au^{III}X_4]$ …………… 191

索　引 ………………………………………………………… 197

0
序　章

0.1　無機超伝導体の歴史

　1911年のKamerlingh Onnesの水銀の超伝導の発見以来,超伝導に関する研究は無機物の独壇場であった.その後の種々の合金超伝導体の発見や,1986年「大フィーバー」を起こしノーベル賞に輝いた酸化物銅高温超伝導体の発見から,2001年の秋光らのMgB_2の発見へと展開している.さらに,2003年発見されたコバルト酸化物超伝導体やスクッテルダイト化合物へと展開しており,ますます発展しそうな雰囲気である[1].

0.2　有機伝導体の歴史

　一方,従来は絶縁体と考えられていた有機分子性固体に電気を流そうとする試みはかなり古くから行われていた.分子性伝導体はまず分子が積層することによりバンドが形成され,つぎに電子供与体(ドナー分子)と電子受容体(アクセプター分子)間に部分的な電子移動が起こることにより電荷の担体であるキャリアーが生成されるが,価電子帯や伝導帯にフェルミ面をつくることにより高伝導性が生じるわけである.この場合,ドナー分子とアクセプター分子が交互に重なった交互積層型ではほとんどの化合物が半導体であり,高伝導性を得るためにはドナー分子どうしおよびアクセプター分子どうしがそれぞれ積み重なった分離積層型が必須条件である(図0.1).このような化合物はドナー分子からアクセプター分子へ部分的に電荷が移動しているために電荷移動型錯体

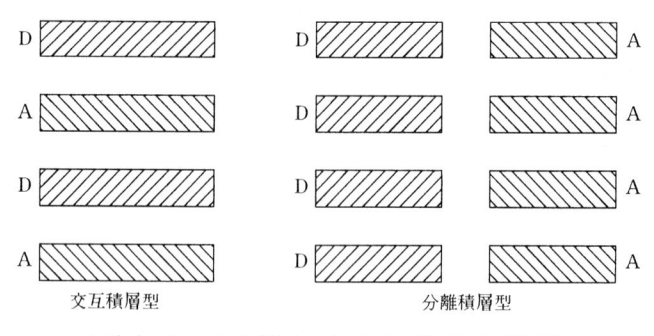

図 0.1　ドナー分子 (D) とアクセプター分子 (A) の積層型

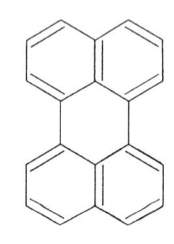

図 0.2　ペリレン

とよばれている．このような指針に基づき世界で初めて有機分子に電気を流す研究が行われたのはわが国の井口，松永，赤松によるペリレンの臭素による部分酸化錯体にさかのぼる (図 0.2)[2]．ペリレン-臭素錯体は室温で 10^{-1} S cm^{-1} オーダーの電気伝導度を示すものの半導体であった．1962 年に代表的な電子受容体である TCNQ がデュポン社により開発され，それを用いて多くの電荷移動型錯体が合成され始めた．1970 年に代表的な電子供与体である TTF が Wudl により合成された．1973 年にその TTF と TCNQ を用いて合成された電荷移動型錯体 TTF-TCNQ が金属的であることが発見され，金属の銅よりも勝る金属的な挙動を示したことから超伝導の発現が期待された．しかし，50 K 付近で 1 次元系に特有のパイエルス転移により絶縁体へと転移してしまった (図 0.3)[3]．しかしながら同時期に，Little による励起子モデル (エキシトンモデル) が有機分子を基に提案され，高温超伝導体の可能性が有機分子系において示唆されたことから，その後有機伝導を目指した研究は世界的に非常に盛

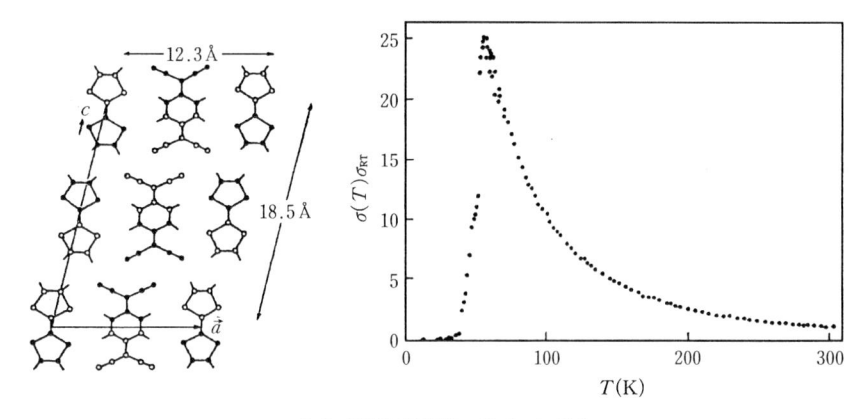

図 0.3 TTF-TCNQ の構造と伝導度
(J. P. Ferraris, et al., Solid State Commun., **18**, 1169, 1976)

んになっていく[4]. 一方, ほぼ同じ時期に金属錯体の KCP($K_2[Pt(CN)_4]Br_{0.3}$·$3.2H_2O$) で金属状態が発見されたことから, 金属錯体においても伝導性に関する研究が盛んになった[5].

TTF-TCNQ 錯体以降の有機伝導体の研究においては, TTF-TCNQ 錯体の教訓からパイエルス転移を抑えるために TTF 分子の周りに硫黄やセレン原子を導入し, 分子間相互作用を使って積極的に 2 次元的にすることが始められた. 1980 年代に入り, Bechgaard らにより世界で初めての有機超伝導体 $(TMTSF)_2PF_6$ が合成され, この分野の研究が一気に勢いづいた[6]. さらに, 現在, 最も多くの超伝導体を与えるドナー分子である BEDT-TTF を用いて超伝導体 $(BEDT-TTF)_2I_3$ が報告され, 化合物の数が一気に増えた[7]. その後, 非対称性分子を用いた超伝導体も合成され, 多様な設計指針の基にこれまでに 10 数種類の超伝導ドナー分子またはアクセプター分子が合成された. 有機ドナー分子中では伝導電子はいずれも π 電子であった (正確には部分酸化によって生じる正孔 (ホール)). これらの化合物では, 有機ドナーは部分酸化状態にあり, 電荷を補償するために対アニオンが存在する. 従来は, それらの対アニオンにはハロゲンイオンや ClO_4^- や BF_4^- や PF_6^- など無機物で閉殻構造のものが主流であった. たとえ, アニオンに金属錯体を用いてもせいぜい Au(I)

やCu(I)などの閉殻電子構造をもつものに限られており,開殻構造つまり磁気モーメントをもった無機アニオンを用いた物質はあまり試みてこられなかった.このことは,伝導系に局在磁気モーメントが共存すると伝導性自体が局在磁気モーメントのつくる磁性に阻害されることを嫌ったためである.このような指針に基づきさまざまなアニオンイオンを組み合わせることにより超伝導臨界温度も徐々に上昇し,現在では最高で(BEDT-TTF)$_2$ICl$_2$の14.2 K (8.2 GPa)となっている[8].これまでにいろいろなアニオンやアクセプターとの組合せにより,有機分子性超伝導体は100個を超える段階まできている(表0.1)[9].

表0.1 伝導体の歴史[9]

年		年	
1911	超伝導の発見	1986	DCNQI塩での金属伝導の発見
1933	マイスナー(Meissner)効果の発見		銅酸化物高温超伝導体の発見
1950	生体物質での超伝導の可能性を指摘 (London)	1987	dmit塩での超伝導の発見
			DMET塩での超伝導の発見
1954	ペリレン・Brでの高伝導の発見	1988	MDT-TTF塩での超伝導の発見
1957	バーディーン-クーパー-シュリーファー (Bardeen-Cooper-Schrieffer)理論		(BEDT-TTF)$_2$Cu(NCS)$_2$で10.4 K超伝導の発見
1964	リトル(Little)モデルの提案	1990	(BEDT-TTF)$_2$Cu(N(CN)$_2$)Clで13.2 K超伝導の発見
1973	TTF-TCNQでの巨大電気伝導率の発見		
1975	(SN)$_x$での超伝導の発見		BEDO-TTF塩での超伝導の発見
1976	TTF-TCNQでのパイエルス(Peierls)超格子の発見	1991	アルカリ金属ドープC$_{60}$での超伝導の発見
	TTF-TCNQでの電荷密度波(CDW)伝導の確認	1995	常磁性超伝導体の発見 (BEDT-TTF)(H$_3$O)Fe(C$_2$O$_4$)$_3$·C$_6$H$_5$CN
1977	ポリアセチレンをはじめとする高分子金属の出現	1996	(DTEDT)$_3$Au(CN)$_2$で4 K超伝導の発見
		1999	κ-(BETS)$_3$FeBr$_4$における反強磁性超伝導の発見
1980	圧力下(TMTSF)$_2$PF$_6$で超伝導の発見		
1981	常圧下(TMTSF)$_2$ClO$_4$で超伝導の発見	2000	強磁性金属の発見 (BEDT-TTF)$_3$[MnCr(C$_2$O$_4$)$_3$]
	TMTSF塩で高磁場下での振動現象発見		
1982	TMTSF塩でのスピン密度波(SDW)の発見	2001	単一成分金属の発見 [Ni(tmdt)$_2$]
	BEDT-TTF塩での金属伝導の発見	2001	λ-(BETS)$_2$FeCl$_4$における磁場誘起超伝導の発見
	重い電子系での超伝導の発見		
1983	圧力下(BEDT-TTF)$_2$ReO$_4$で超伝導の発見		BDA-TTP塩での超伝導の発見
			DODHT塩での超伝導の発見
1984	常圧下(BEDT-TTF)$_2$I$_3$超伝導の発見	2003	β-(BEDT-TTF)ICl$_2$ T_c = 14.2 K (8.2GPa)
1985	圧力下(BEDT-TTF)$_2$I$_3$で8 K超伝導の発見		

0.3 伝導性金属錯体の歴史

一方，1990年代に入り，分子性伝導体に積極的に遷移金属イオンを導入しようとする試みが行われるようになった．これには2つの合成指針がある．1つはアクセプター分子に積極的に局在電子を導入し，有機ドナー分子の遍歴 π 電子とアクセプター遷移金属分子の局在 d 電子との相互作用を積極的に使い，新しい物性を発現させようという試みである．これは1995年の，P. Day らの常磁性超伝導体[10]，Coronado らによる強磁性金属 $(BEDT\text{-}TTF)_2(MnCr(ox)_3)$[11] や小林らの $(BETS)_2FeCl_4$ にみられる反強磁性超伝導体へと発展している[12]．もう一方は，伝導電子つまりフェルミ面を d-π 複合電子系にしようという試みである．これは $(TTF)_2[M(dmit)_2]$[13] や $Cu(DM\text{-}DCNQI)_2$[14] 錯体へと発展している．

これに対して，純粋な d 電子のみからなる金属錯体を用いた伝導性の研究は 100 年以上前までさかのぼる．金属錯体は電子状態の多様な無機イオンと，設計性に富んだ有機配位子から構成されることから，それらをうまく組み合わせることにより導電性有機物や無機物を越える物性や機能性が期待されると考えられる．当時，白金錯体を中心に，構成白金錯体にはみられない金属的な色をもつものが固体として合成されていたが，その構造は解明されずにそのままにされていた．しかし，1960年代の X 線構造解析の発展により，伝導性金属錯体である $KCP(K_2[Pt(CN)_4]Br_{0.3}3.2H_2O)$ の結晶構造が明らかにされたことをきっかけに，再び研究が盛んに行われるようになってきた[5]．その後，$Ca[Pt(ox)_2]\cdot 3.5H_2O$ が部分酸化されて得られる $Ca_{0.84}[Pt(ox)_2]\cdot H_2O$ が高伝導性を示すことが見出された．そのほかの電気伝導性金属錯体としては以下のものが知られている．Krogmann らは KCP と同時期に $Ir(CO)_{0.98}Cl_{1.07}$ の構造を決定している[15]．この単結晶は $0.2\ \Omega^{-1}\ cm^{-1}$ の伝導度を示すことが明らかにされている．マグナス緑色塩 $[Pt(NH_3)_4][PtCl_4]$ は 1 次元鎖構造をもつことが古くから知られており，これを濃い硫酸に懸濁させて酸素を通じると金属光沢の

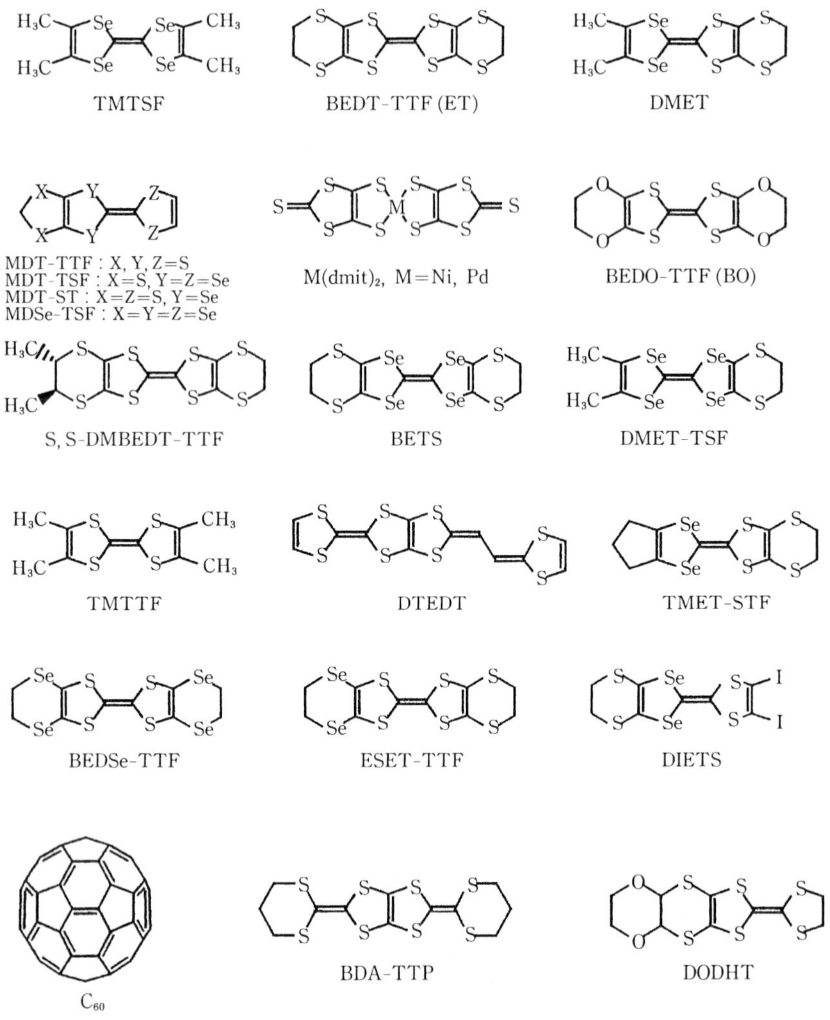

図 0.4 超伝導を示す分子

ある粉末が得られ，その組成は $Pt_6(NH_3)_{10}Cl_{10}(HSO_4)_4$ で表される部分酸化型金属錯体であり，室温付近で金属的挙動を示すことが見出されている[16]．オキシム錯体 $[M(Hdpg)_2]I$ は部分酸化する前の $[M(Hdpg)_2]$ に比べて10桁ほど伝導度が増加する[17]．対アニオンであるヨウ素は $(I_5)^-$ であるために金属の酸化

数は+2.2である．以上の金属錯体はいずれも金属イオンが1次元に積み重なって伝導バンドを形成しており基本的にd-電子系である．

一方，1983年にUnderhillらはジチオレン配位子をもつ$Li_{0.8}(H_3O)_{0.33}[Pt(mnt)_2]\cdot 1.67H_2O$を合成し，金属-絶縁体転移を観測した[18]．Pt...Pt間距離は3.64Åであり，配位子のmnt (maleonitriledithiolate) 間の重なりによるπバンドに起因した伝導であると考えられている．またフタロシアニンを配位子にもつ$[M(Pc)]I_x$も基本的にはπ電子による伝導性を示す．以上述べたように，このような伝導性金属錯体の研究はd電子系から始まり，つぎにπ電子系が発展しながら有機と無機が融合し合って，先に述べた$(TTF)_2[M(dmit)_2]$や$Cu(DM-DCNQI)_2$などのd-π複合電子系へと展開されている．さらに最近の小林らによる単一成分金属性分子錯体へと発展している．

さらに，1980年代からハロゲン架橋白金系混合原子価錯体や金混合原子価錯体のようなd-σ電子系も伝導性の面からだけではなく，光物性の面からも注目を集めている[19]．

この本では，I部で伝導と磁性の基礎について紹介し，II部で伝導性金属錯体に絞り込んでこれらの歴史に従って説明する．

参 考 文 献

1) E. D. Bauer, *et al*., Phys. Rev., B**65**, 100506 (2002)
2) H. Akamatsu, H. Inokuchi and Y. Matsunaga, Nature, **173**, 168 (1954)
3) J. P. Ferraris and T. F. Finnegan, Solid State Commun., **18**, 1169 (1976)
4) W. A. Little, Phys. Rev. A**134**, 1416 (1964)
5) K. Krogmann, H. D. Hausen, Z. Anorg. Allg. Chem., **358**, 67 (1968)
6) D. Jerome, A. Mazaud, M. Ribault, K. Bechgaard, J. Phys. Lett. (Paris), **41**, 95 (1980)
7) E. B. Yagubskii, I. F. Shchegolev, V. N. Laukhin, P. A. Kononovich, M. V. Kartsovnik, A. V. Zvarykina and L. I. Buravov, JETP. Lett., **39**, 12 (1984)
8) H. Taniguchi, *et al*., J. Phys. Soc. Jpn., **72**, 468 (2003)
9) 石黒武彦, 物理学論文選集I, 有機超伝導の物性 (日本物理学会)
10) M. Kurmoo, *et al*., J. Am. Chem. Soc., **117**, 12209 (1995)
11) E. Coronado, J. R. M-. Mascaros, C. J. G-. Garcia and V. Laukhin, Nature, **408**, 447 (2000)

12) E. Ojima, H. Fujiwara, K. Kato, H. Kobayashi, H. Tanaka, A. Kobayashi, M. Tokumoto and P. Cassoux, J. Am. Chem. Soc., **121**, 558 (1999)
13) L. Brossard, M. Ribault, L. Valade and P. Cassoux, J. Phys. France, **50**, 1521 (1989)
14) S. Hunig, J. Mater. Chem., **5**, 1469 (1995)
15) K. Krogmann, W. Binder and H. D. Hausen, Angew. Chem., **80**, 844 (1968)
16) I. Tsujikawa, R. Kubota, T. Enoki, S. Miyajima and H. Kobayashi, J. Phys. Soc. Jpn., **43**, 1459 (1977)
17) M. A. Cowie, *et al*., J. Am. Chem. Soc., **101**, 2921 (1979)
18) A. Kobayashi, T. Mori, Y. Sasaki, H. Kobayashi, M. M. Ahmadand and A. E. Underhill, Bull. Chem. Soc. Jpn., **57**, 3262 (1984)
19) H. Okamoto and M. Yamashita, Bull. Chem. Soc. Jpn., Accounts, **71**, 2023 (1988)

I
配位化合物結晶の電子・磁気物性の基礎

　固体は多様な電気的,磁気的性質を有し,電子がその主役を担っている.ここでは,電子のもつ軌道自由度は電気伝導を担い,また,スピン自由度は磁性の発現の起源となっている.このような電子のもつ電子的,磁気的性質と電子の関わりについては,量子力学の発展の初期から興味をもたれ,固体物理としての基本的な理解が完成している.

　一方,中心金属と配位子を基本骨格とする錯体分子とその固体においては,分子を構成する金属原子や配位子は多様であり,また,その多様な組合せから,莫大な数の物質が存在する.このような配位化合物は,中心金属として遷移金属がその構成要素となることから,磁性の問題は古くから興味の対象となり,物質の多様性を反映して,さまざまな磁気現象やきわめて多くの磁性体が発見されている.また,この30年ほどの間に,電気を流す配位化合物が見出され,電気伝導体としての錯体分野も生まれ,さらに,磁性と伝導が協同的に引き起こす興味ある現象も見出されている.

　I部は,配位化合物の電気伝導現象,磁性の基礎を学び,II部以降で議論される種々の配位化合物の物性の理解の基礎を身につけることを目的とする.

1
結晶の動的挙動

1.1 格子振動

　本章では最初に原子(あるいは分子)の結晶中での振動(格子振動)の様子をみてみよう．図1.1に示すような1次元鎖状に並んだ原子(あるいは分子)配列をモデルとして格子振動を考察する．格子定数を a，原子の質量を M，格子点 n における変位を u_n，原子間の結合のバネ定数を f とすると，原子 n の運動方程式は式(1.1)によって与えられる．

$$M\frac{d^2 u_n}{dt^2} = -\frac{f}{2}(2u_n - u_{n-1} - u_{n+1}) \tag{1.1}$$

式(1.1)の一般解は進行波として次式で表される．

$$u_n(t) = \xi \cos(nqa - \omega t + \phi) \tag{1.2}$$

ここで，ω, q, ξ, ϕ はそれぞれ格子振動の波(格子波)の角振動数，波数，振幅，位相である．式(1.2)を用いるとサイト $n\pm 1$ の変位は次式で与えられる．

$$\begin{aligned}u_{n\pm 1}(t) &= \xi \cos[(n\pm 1)qa - \omega t + \phi] \\ &= \xi \cos(nqa - \omega t + \phi)\cos(qa) \mp \xi \sin(nqa - \omega t + \phi)\sin(qa)\end{aligned} \tag{1.3}$$

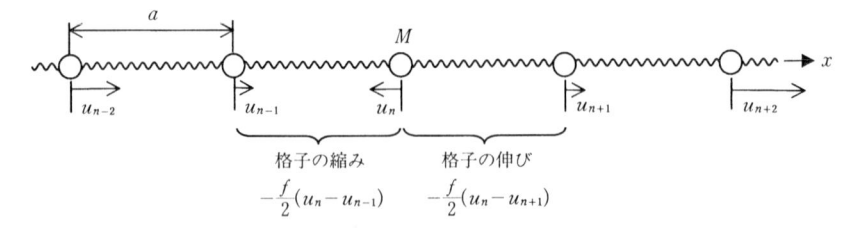

図1.1　格子定数 a をもつ1次元結晶中の原子の変位

1.1 格子振動

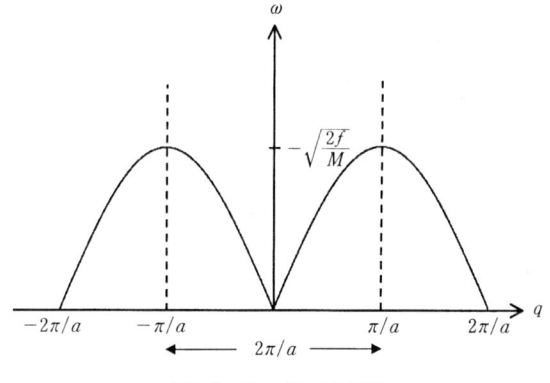

図1.2 フォノンの分散図

したがって,
$$u_{n-1}+u_{n+1}=2u_n\cos(qa) \tag{1.4}$$
となり,

式(1.2),(1.4)を式(1.1)に代入すれば以下の式が得られる.
$$M\omega^2=f(1-\cos(qa))=2f\sin^2(qa/2) \tag{1.5}$$
これを解くと角振動数と波数との関係として式(1.6)が得られる.
$$\omega=\sqrt{\frac{2f}{M}}|\sin(qa/2)| \tag{1.6}$$
ω, q の関係のことを分散関係といい,この関係を図示すると図1.2のようになる.この図は進行波としての格子波の性質を表しており,q の正領域は正の方向に,また,負領域は負の方向に進行する波を表している.また,分散関係は $2\pi/a$ の周期を有する周期関数であり,波の性質は $-\pi/a \leq q < \pi/a$ の1周期で代表することができる.この区間のことを第1ブリルアン(Brillouin)帯という.このことから明らかなように,波数空間での周期は実空間の周期 a の逆数に 2π を掛けたもので表される.このことは,波数空間,実空間ともに同一の周期をもつことを反映している.

量子力学によれば,物質には波と粒子の2重性が存在する.したがって,格子波を粒子として扱うことができ,粒子像で表したものをフォノンと名づけ

る．フォノンはエネルギー $\varepsilon=\hbar\omega$，運動量 $p=\hbar q$ をもつ準粒子と考えられる．

1.2 結晶の熱的性質

　結晶に熱を加えたときの温度上昇は結晶の比熱に逆比例する．ミクロにみるとこのとき起こる現象はフォノンの励起により説明できる．図1.3に示す有限サイズの1次元結晶についてみよう．原子の数を N とすると，格子定数 a を用いて $N=L/a$ となる．結晶両端での境界条件を $u_0=u_N$ とし，式 (1.2) に適用すると

$$\cos(-\omega t+\phi)=\cos(qL-\omega t+\phi)$$

となり，この条件を満足する波数 q として以下の式が得られる．

$$q=\frac{2\pi}{L}l \qquad (l=0, \pm 1, \pm 2, \cdots) \tag{1.7}$$

したがって，有限結晶では式 (1.7) で示される $2\pi/L$ の間隔で存在するとびとびの q の値をもつ状態のみが許される．これを用いると，微小領域 Δq に存在する状態数 (フォノンの数) は $\Delta q/(2\pi/L)$ となる．

　フォノンはボース (Bose) 統計にしたがうボース粒子であり，その熱分布は以下の式で表される．

$$n_\mathrm{p}=\frac{1}{\exp(\varepsilon/k_\mathrm{B}T)-1} \tag{1.8}$$

したがって，エネルギー $\varepsilon(q)=\hbar\omega(q)$ をもつフォノンの励起された結晶の状態の内部エネルギーはすべての q に対して和をとることにより得られ，式 (1.9) となる．

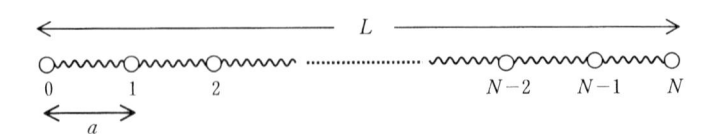

図 1.3 長さ L，格子定数 a をもつ1次元結晶

1.2 結晶の熱的性質

$$E(T)=\sum_{q=-\pi/a}^{\pi/a}\varepsilon(q)n_\mathrm{p}(\varepsilon(q))=\sum_{q=-\pi/a}^{\pi/a}\frac{\hbar\omega(q)}{\exp(\hbar\omega(q)/k_\mathrm{B}T)-1} \tag{1.9}$$

さらに，マクロな系では $L\gg a$ であるので式 (1.9) の和は積分で置き換えることができ，微小領域 $\varDelta q$ に存在する状態数が $\varDelta q/(2\pi/L)$ であることを考慮すると内部エネルギーは以下の式となる．

$$E(T)=\frac{L}{2\pi}\int_{-\pi/a}^{\pi/a}dq\frac{\hbar\omega(q)}{\exp(\hbar\omega(q)/k_\mathrm{B}T)-1} \tag{1.10}$$

また，式 (1.6) を $q=0$ 付近で展開すると以下の式になる．

$$\omega=\sqrt{\frac{2f}{M}}\left(\frac{qa}{2}-\frac{1}{3!}\left(\frac{qa}{2}\right)^3+\cdots\right)$$

第 1 項のみをとれば

$$\omega=sq, \quad s=\sqrt{\frac{f}{2M}}a \tag{1.11}$$

となる．ここで，s は音速を与える．式 (1.11) を式 (1.10) に代入すると式 (1.10) は次式のようになる．

$$E(T)=\frac{L}{\pi}\int_0^{\pi/a}dq\frac{\hbar sq}{\exp(\hbar sq/k_\mathrm{B}T)-1}=\frac{Lk_\mathrm{B}^2T^2}{\pi\hbar s}\int_0^{\Theta_\mathrm{D}/T}dx\frac{x}{\exp(x)-1} \tag{1.12}$$

ここで，Θ_D はデバイ (Debye) 温度とよばれる量で式 (1.13) で与えられ，格子振動のエネルギーを温度換算したものである．

$$\Theta_\mathrm{D}=\frac{\hbar sq_{\max}}{k_\mathrm{B}}=\frac{\hbar s(\pi/a)}{k_\mathrm{B}} \tag{1.13}$$

$q_{\max}$ はフォノンの最大波数であり，1 次元ではブリルアン帯の端がそれに相当する．気体定数 $R(=N_\mathrm{A}k_\mathrm{B}$；$N_\mathrm{A}$；アボガドロ (Avogadro) 数) を用いて，1 mol 当たりに換算すると内部エネルギーは次式になる．

$$E(T)=RT\left(\frac{T}{\Theta_\mathrm{D}}\right)\int_0^{\Theta_\mathrm{D}/T}dx\frac{x}{\exp(x)-1} \tag{1.14}$$

つぎに，いままでの議論を 2,3 次元系に当てはめてみよう．2,3 次元系では内部エネルギーはそれぞれ式 (1.15), (1.16) で与えられる．

$$E(T)=4RT\left(\frac{T}{\Theta_\mathrm{D}}\right)^2\int_0^{\Theta_\mathrm{D}/T}dx\frac{x^2}{\exp(x)-1} \tag{1.15}$$

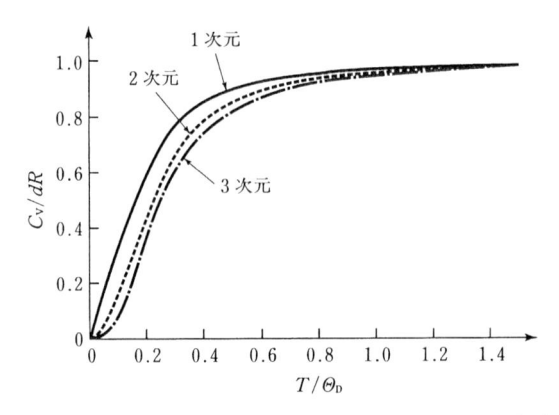

図 1.4 1次元，2次元，3次元結晶の1モル当たりの定容熱容量
　　　　$d=1,2,3$は次元を示す．

$$E(T)=9RT\left(\frac{T}{\Theta_\mathrm{D}}\right)^3\int_0^{\Theta_\mathrm{D}/T}dx\frac{x^3}{\exp(x)-1} \tag{1.16}$$

内部エネルギーを温度で微分（$C_\mathrm{V}(T)=\partial E(T)/\partial T$）すれば比熱が得られる．このようにして得られた1, 2, 3次元の格子比熱を図示すると図1.4のようになる．

高温極限ではそれぞれの比熱は自由度の数を反映して，$R, 2R, 3R$となる．また，低温の極限では，$\Theta_\mathrm{D}/T\rightarrow\infty$であるため，式(1.14)～(1.16)の積分は温度に関係ない定数となり，格子比熱は以下の式にまとめられる．

$$C_\mathrm{V}(T)\propto T^d \quad (d=1,2,3) \tag{1.17}$$

dは次元数であり，低温比熱は温度の次元数のべき乗で表される．このことから，低温比熱を測定することにより結晶格子の次元性が明らかとなる．

最後にフォノンの状態密度を計算してみよう．種々の物理的性質を調べるとき，状態密度という概念が重要なものとなる．状態密度はあるエネルギーにおける状態の単位エネルギー当たりの状態数として定義される．したがって，エネルギー0からEまでのエネルギー領域にあるフォノンの状態数$N_\mathrm{p}(\varepsilon)$と状態密度$D_\mathrm{p}(\varepsilon)$の関係は以下の式で与えられる．

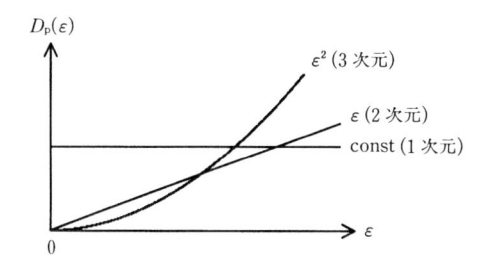

図 1.5 1次元, 2次元, 3次元結晶のフォノンの状態密度

$$N_\text{p}(\varepsilon) = \int_0^E D_\text{p}(\varepsilon) d\varepsilon \tag{1.18}$$

ここでは,低エネルギーの領域に注目し,フォノンのエネルギー分散を式 (1.11) とすると,波数 $2\pi/L$ 当たり1個の状態があることから,エネルギー0 から ε までのフォノンの状態数は以下の式で与えられる.

$$N_\text{p}(\varepsilon) = \int_0^\varepsilon \frac{dq}{2\pi/L} = \frac{L}{2\pi} \frac{1}{\hbar s} \int_0^\varepsilon d\varepsilon \quad (1次元)$$

$$N_\text{p}(\varepsilon) = \int_0^\varepsilon \frac{2\pi q dq}{(2\pi/L)^2} = \frac{L^2}{2\pi} \frac{1}{(\hbar s)^2} \int_0^\varepsilon \varepsilon d\varepsilon \quad (2次元)$$

$$N_\text{p}(\varepsilon) = \int_0^\varepsilon \frac{4\pi q^2 dq}{(2\pi/L)^3} = \frac{L^3}{2\pi^2} \frac{1}{(\hbar s)^3} \int_0^\varepsilon \varepsilon^2 d\varepsilon \quad (3次元)$$

したがって,各エネルギーでの状態密度として以下の式が得られる.

$$\begin{aligned} D_\text{p}(\varepsilon) &= \frac{L}{2\pi\hbar s} \quad (1次元) \\ D_\text{p}(\varepsilon) &= \frac{L^2}{2\pi(\hbar s)^2}\varepsilon \quad (2次元) \\ D_\text{p}(\varepsilon) &= \frac{L^3}{2\pi^2(\hbar s)^3}\varepsilon^2 \quad (3次元) \end{aligned} \tag{1.19}$$

この結果を図示すると図1.5となる.図から明らかなように,1次元系では状態密度がエネルギーによらない一定値であるため,エネルギー0においても有限値をもつ.このため,$T=0$ でもフォノン励起が発生し,1次元結晶はこの励起の発生のため不安定である.また,次元性の増加にしたがって結晶が安定化することがわかる.

2
自由電子に近いモデル

2.1 自由電子の振舞い

　物質が電気を流す仕組みや磁性を示す理由は，電子の運動やスピンの挙動から理解される．電子の運動を最も簡単に記述する自由電子に近いモデル (nearly free electron model) を用いて，固体の電子構造についてみてみよう．一般に，遷移金属錯体からなる結晶では，分子の形状や分子間結合を形成する部位の特徴を反映して，錯体の分子ユニットは1次元鎖状に配列したり，2次元平面状の配列をしたりする場合が多い．したがって，ここでは，1次元系に主眼をおきながら，電子構造の議論を進めよう．

　相互作用のない自由電子の電子状態は運動エネルギーのみをもちいて記述でき，1次元の運動をしている場合にはシュレーディンガー (Shrödinger) 方程式は次式のようになる．

$$H_0\phi(x) = -\frac{\hbar^2}{2m_e}\frac{\partial^2}{\partial x^2}\phi(x) = \varepsilon\phi(x) \tag{2.1}$$

ここで，m_e は電子の質量であり，1次元方向を x にとっている．また，波動関数 $\phi(x)$ はシュレーディンガー方程式の解として以下の式で表される．

$$\phi(x) = \frac{1}{\sqrt{L}}\exp(2\pi i x/\lambda) = \frac{1}{\sqrt{L}}\exp(ikx) \tag{2.2}$$

ここで，L, λ, k はそれぞれ電子が運動している1次元の結晶の長さ，電子の波長，および波数である．境界条件式 (2.3) を考慮すると，波長 λ あるいは波数 k は条件式 (2.4)，(2.5) を満足しなければならない．

2.1 自由電子の振舞い

$$\phi(x) = \phi(x+L) \tag{2.3}$$

$$\lambda_n = L/n \quad (n=1, 2, 3, \cdots) \tag{2.4}$$

$$k_n = \frac{2\pi}{L}n \tag{2.5}$$

また，式(2.2)，(2.5)を(2.1)に代入することにより，電子のエネルギーは式(2.6)で与えられる．

$$\varepsilon_n = \frac{\hbar^2}{2m_e}\left(\frac{2\pi n}{L}\right)^2 = \frac{\hbar^2}{2m_e}k_n^2 \tag{2.6}$$

したがって，電子のエネルギーは図2.1に示すように，波数kの2乗に比例し，放物線を描く．また，許される状態はとびとびになり，波数が$2\pi/L$の整数倍をとる場合に限られる．しかしながらマクロな系で長さLが十分に大きいときにはkは連続の値をとるとしてよい．

電子の状態密度を計算しよう．$-k \sim k$の間に存在する状態数を$N_e(k)$，波数kでのエネルギーをεとし，$0 \sim \varepsilon$までのエネルギー領域に存在する状態数を$N_e(\varepsilon)$とする．式(2.6)を用い，式(1.18)と同様にして計算すれば

$$N_e(\varepsilon) = \int_0^\varepsilon D_e(\varepsilon)d\varepsilon = 2\frac{L}{2\pi}\int_{-k}^{k}dk = \frac{L}{\pi}\int_{-k}^{k}\frac{dk}{d\varepsilon}d\varepsilon = \frac{L}{\pi}\frac{\sqrt{2m_e}}{\hbar}\int_0^\varepsilon \frac{1}{\sqrt{\varepsilon}}d\varepsilon \tag{2.7}$$

となる．ここで，上式では各波数の状態に↑, ↓2つのスピン状態があるとして，状態を2倍に数えている．したがって，状態密度は次式で与えられる．

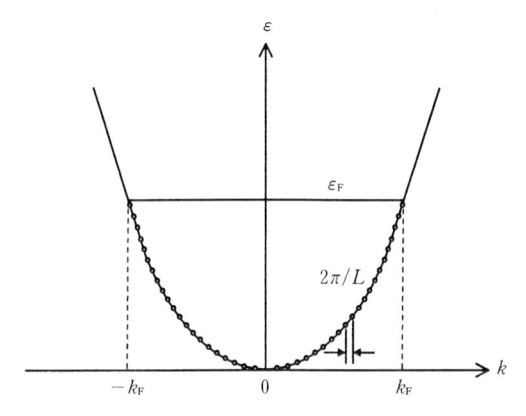

図2.1 長さLの1次元結晶中の自由電子の運動エネルギー

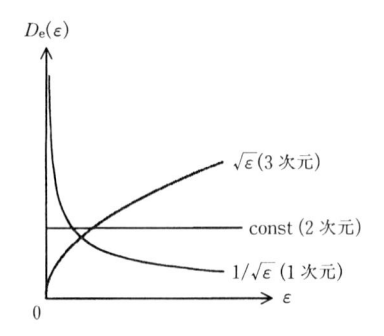

図 2.2 1次元, 2次元, 3次元自由電子系の状態密度

$$D_e(\varepsilon) = \frac{dN_e}{d\varepsilon} = \frac{\sqrt{2}\sqrt{m_e}L}{\pi\hbar}\frac{1}{\sqrt{\varepsilon}} \tag{2.9}$$

同様な議論は, 2次元系, 3次元系についても成立し, 状態密度は2次元, 3次元系についてそれぞれ式 (2.10), (2.11) となる.

$$D_e(\varepsilon) = \frac{m_e S}{\pi\hbar^2} \tag{2.10}$$

$$D_e(\varepsilon) = \frac{V}{2\pi^2}\left(\frac{2m_e}{\hbar^2}\right)^{3/2}\sqrt{\varepsilon} \tag{2.11}$$

ここで, $S=L^2$, $V=L^3$ はそれぞれ2次元, 3次元系の面積, 体積である. このように状態密度は次元性に依存し, そのエネルギー依存性は図2.2に示すように, 1次元ではエネルギー低下にともない発散傾向を示し, これが後で示すように1次元電子系が不安定性を示す原因となっている. 2次元ではエネルギー依存性をもたず, 3次元ではエネルギー低下により状態密度の増加傾向は減少する.

フェルミ (Fermi) 粒子である電子は, このような状態密度で表される状態へ, パウリ (Pauli) の原理にしたがって下から順番に詰まっていき, 絶対零度では図2.1に示すように, フェルミ・エネルギー ε_F まで詰まる. この状態は金属としての性質をもっている. フェルミ・エネルギーでの波数 $k_F(=\sqrt{2m_e\varepsilon}/\hbar)$ をフェルミ波数という. 有限温度では, 電子が状態を占める確率はフェルミ分布関数 $f(\varepsilon)$ で表される.

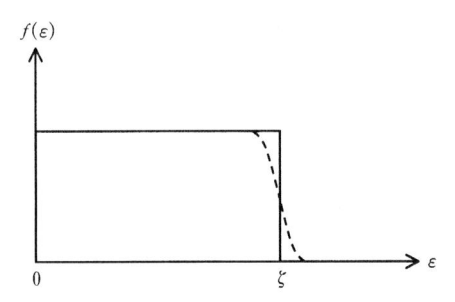

図 2.3 フェルミ分布関数のエネルギー依存性
実線は $T=0\,\mathrm{K}$,破線は有限温度を示す.

$$f(\varepsilon)=\frac{1}{\exp[(\varepsilon-\zeta)/k_\mathrm{B}T]+1} \quad (2.12)$$

ここで,ζ は化学ポテンシャルである.フェルミ分布関数は図 2.3 に示すように,絶対零度では,$0\sim\varepsilon_\mathrm{F}$ のエネルギー領域では 1,それ以上では 0 となり,$\zeta=\varepsilon_\mathrm{F}$ が成立する.また,有限温度では化学ポテンシャルにおける $f(\varepsilon)$ の鋭い減少は熱励起のために次第になだらかな減少となる.このようにして,電子は状態密度とフェルミ分布関数をもちいると,全電子数 N_e は式 (2.13) によって与えられる.

$$N_\mathrm{e}=\int_0^\infty d\varepsilon f(\varepsilon)D_\mathrm{e}(\varepsilon) \quad (2.13)$$

ここで,フェルミ・エネルギーとフェルミ波数との関係を図示してみよう.1 次元系のときには,図 2.1 に示すように,フェルミ波数は k_F,$-k_\mathrm{F}$ の 2 つに限られる.これを 1 次元系に直交する方向 (y) も入れて図示すると図 2.4 (a) に示すように,フェルミ波数は y 軸に平行な直線を描く.2 次元では

$$\varepsilon_\mathrm{F}=\frac{\hbar^2}{2m_\mathrm{e}}(k_{\mathrm{F}x}^2+k_{\mathrm{F}y}^2) \quad (2.14)$$

となり,図 2.4 (b) に示すようにフェルミ波数は円を描くことになる.このようなフェルミ波数で囲まれた面のことをフェルミ面という.3 次元では,図 2.4 (c) に示すとおり $k_{\mathrm{F}x}$,$k_{\mathrm{F}y}$,$k_{\mathrm{F}z}$ を 3 軸とする球となり,電子はこの球の中に詰まることになる.この球のことをフェルミ球という.

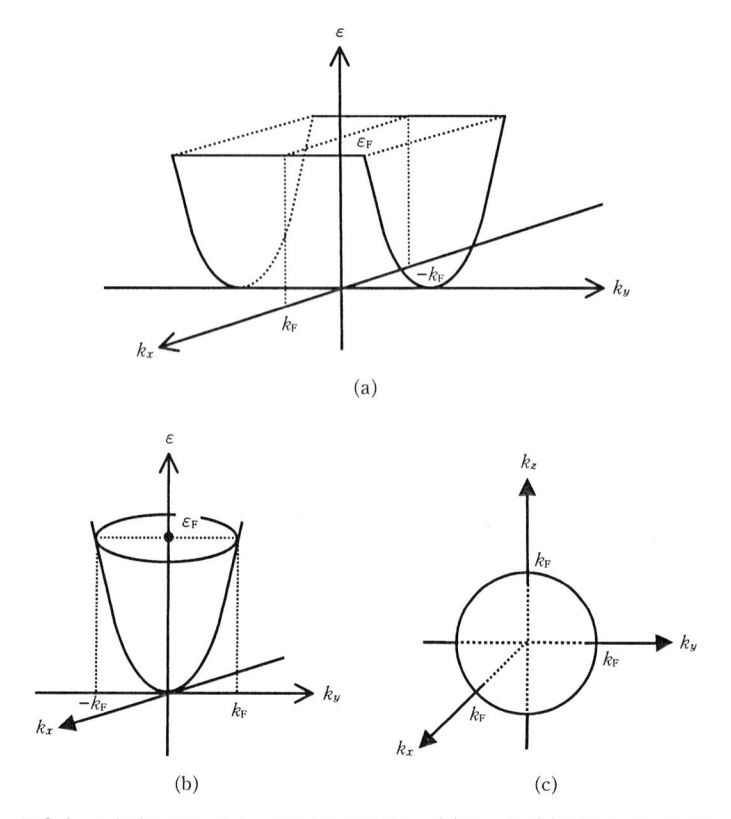

図 2.4 自由電子のフェルミ準位付近の電子状態. (a) 1 次元, (b) 2 次元, (3) 3 次元

次にフェルミ・エネルギーと電子密度の関係を調べてみよう. フェルミ・エネルギーでの波数 (フェルミ波数) k_F を用いると, 電子密度 $n_e = N_e/L$ とフェルミ波数との関係は, 1 次元のときには $k_F = (\pi/2) n_e$ となる. これをもちいるとフェルミ・エネルギーは以下のように求められる.

$$\varepsilon_F = \frac{\hbar^2 \pi^2}{8 m_e} n_e^2 \tag{2.15}$$

2 次元, 3 次元のときも同様に求めることができ, それぞれ式 (2.16), (2.17) のようになる.

$$\varepsilon_F = \frac{\hbar^2 \pi}{m_e} n_e \tag{2.16}$$

$$\varepsilon_F = \frac{\hbar^2}{2m_e}(3\pi n_e)^{2/3} \tag{2.17}$$

金属中のフェルミ・エネルギーは通常の金属では数 eV 程度になるが，金属性錯体ではこれに比べて 1 桁程度小さい．

2.2 結晶ポテンシャル中の自由電子

つぎに，結晶ポテンシャル中に電子がある場合について考えてみよう．結晶中では，図 2.5(a) に示すように，電子は結晶中に規則的に並んだ原子(あるいは分子)からのポテンシャルの影響を受ける．したがって，結晶ポテンシャルを $V(x)$ とすると，シュレーディンガー方程式は次式で表現される．ここでは，簡単のために，1 次元系の場合を扱っている．

$$(H_0 + V(x))\psi(x) = \left[-\frac{\hbar^2}{2m_e}\frac{\partial^2}{\partial x^2} + V(x)\right]\psi(x) = \varepsilon \psi(x) \tag{2.18}$$

原子(分子)は結晶中では周期的に並ぶため，そのつくるポテンシャルは周期ポテンシャルとなり，格子定数を a とすると，次式を満足する．

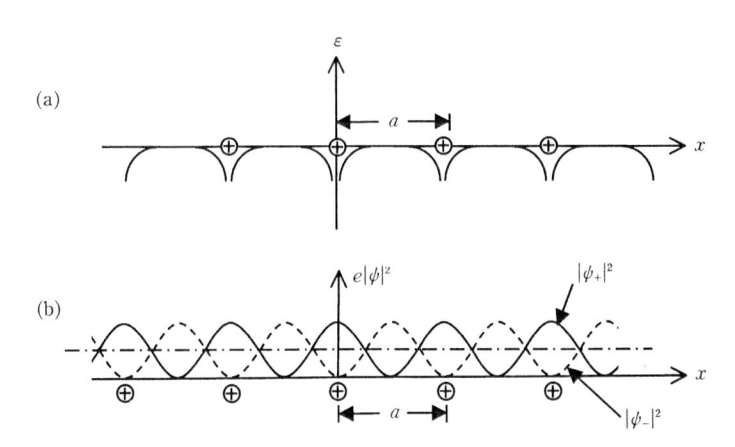

図 2.5 (a) 1 次元結晶ポテンシャル，(b) $k = \pm \pi/a$ における ψ_+, ψ_- の電子密度の空間分布

$$V(x)=V(x+la) \qquad (l=\pm 0,1,2,\cdots) \tag{2.19}$$

電子は波としての性質を有するため，結晶中の規則的に並んだ原子による散乱により干渉効果を示す．このような散乱波の干渉は，隣りあう原子からの散乱波の位相差が 2π の整数倍となる条件によりブラッグ(Bragg)散乱として表され，電子波の波数ベクトル $\mathbf{k}$ と逆格子ベクトル $\mathbf{G}$ を用いてブラッグの条件式(2.20)で与えられる(1次元系では $\mathbf{k}, \mathbf{G}$ はスカラー量 k, G となる)．

$$2\mathbf{kG}=\mathbf{G}^2 \tag{2.20}$$

1次元の場合には，逆格子ベクトルは $G=(2\pi/a)l$ となり，これをもちいると，ブラッグの条件は $k=(1/2)G=l\pi/a$ で与えられる．ブラッグ条件が成立する波数の領域で何が起こるか，$l=\pm 1$ を例にとってみてみよう．ここでは正方向と負方向に進行する電子波 $\exp(i\pi x/a)$ と $\exp(-i\pi x/a)$ が重畳して2つの定在波 ψ_+, ψ_- が発生する．

$$\begin{aligned}\psi_+(x)&=\frac{1}{\sqrt{2}}[\exp(i\pi x/a)+\exp(-i\pi x/a)]=\sqrt{2}\cos(\pi x/a)\\ \psi_-(x)&=\frac{1}{\sqrt{2}}[\exp(i\pi x/a)-\exp(-i\pi x/a)]=\sqrt{2}i\sin(\pi x/a)\end{aligned} \tag{2.21}$$

また，これら2つの波の電子密度の分布は次式で与えられ，その空間依存性は図2.5(b)に示すようになる．

$$\rho_+=|\psi_+|^2=2\cos^2(\pi x/a) \tag{2.22}$$

$$\rho_-=|\psi_-|^2=2\sin^2(\pi x/a) \tag{2.23}$$

図2.5(b)から明らかなように，ψ_+ は原子の正電荷のところに最大の電子密度を有し，一方，ψ_- は原子の正電荷の位置には最小の電荷密度をとる．したがって，負の電荷を有する電子のエネルギーは結晶ポテンシャルにより ψ_+ の状態では安定化され，ψ_- では不安定化される．このことにより，$k=\pm\pi/a$ では電子のもつエネルギーは自由電子のものから大きくずれ，2つの状態に分裂する．いい換えれば，$k=\pm\pi/a$ で電子状態はエネルギーギャップをもつことになる．

このような結晶中の電子状態をシュレーディンガー方程式(2.18)を用いて

調べてみよう．簡単のため，結晶ポテンシャルとして結晶格子の周期性をもつことのみに注目して，以下の式を仮定してみよう．

$$V(x) = U\cos(Gx) = U\cos(2\pi x/a) \tag{2.24}$$

波動関数として，$\exp(ikx)$ と $\exp(i(k-G)x)$ を基底にとってみる．

$$\psi(x) = c(k)\exp(ikx) + c(k-G)\exp(i(k-G)x) \tag{2.25}$$

ここで $c(k)$, $c(k-G)$ は係数である．式 (2.18) に左から $\exp(ikx)$ を掛けて積分すれば次式を得る．

$$(\varepsilon_k - \varepsilon)c(k) + \frac{U}{2}c(k-G) = 0 \tag{2.26}$$

また，同様に，$\exp(i(k-G)x)$ を左から掛けて積分すれば次式となる．

$$\frac{U}{2}c(k) + (\varepsilon_{k-G} - \varepsilon)c(k-G) = 0 \tag{2.27}$$

ここで，$\varepsilon_k = (\hbar^2/2m_e)k^2$, $\varepsilon_{k-G} = (\hbar^2/2m_e)(k-G)^2$ である．式 (2.26), (2.27) から以下の行列式を解いて固有エネルギーを求めることができる．

$$\begin{vmatrix} \varepsilon_k - \varepsilon & U/2 \\ U/2 & \varepsilon_{k-G} - \varepsilon \end{vmatrix} = 0 \tag{2.28}$$

式 (2.28) を解くと，解は以下の式で与えられる．

$$\varepsilon_\pm = \frac{1}{2}(\varepsilon_k + \varepsilon_{k-G}) \pm \frac{1}{2}[(\varepsilon_{k-G} - \varepsilon_k)^2 + U^2]^{1/2} \tag{2.29}$$

この式は，$|\varepsilon_{k-G} - \varepsilon_k| \gg U$ では $\varepsilon_\pm = \varepsilon_k, \varepsilon_{k-G}$ となり，また，$k = \pm \pi/a$ では式

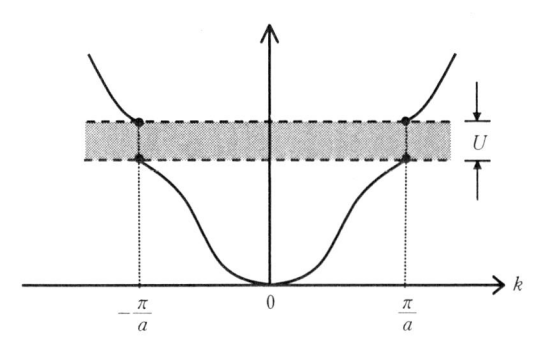

図 2.6　1 次元結晶中の自由電子の電子状態

(2.30) となり,

$$\varepsilon_\pm = \varepsilon_k \pm (1/2)U \tag{2.30}$$

ε_+, ε_- で U のエネルギー分裂, すなわちエネルギーギャップを生じる. したがって, 図2.6に示すように, $k=\pm\pi/a$ から離れた位置では電子は自由電子としての振舞いをし, $k=\pm\pi/a$ 付近ではエネルギーギャップを発生し, エネルギーの安定化された状態 ε_+ と不安定化された状態 ε_- が発生する.

つぎに, ここで得られた結論をもとに, 金属, 半導体, 絶縁体の違いについてみておこう. 結晶の電子構造はここまでの議論から明らかなように, 電子の結晶ポテンシャルの影響により, エネルギーギャップが現れる. 電子が結晶中に電子状態を占有する仕方には, 2つの場合がある. 電子はパウリ(Pauli)の原理にしたがって, 下から順番に電子状態(バンドあるいは帯という)を占めていくが, 図2.7(a)に示すように, エネルギーギャップの下の状態を中途半端に占めるときには, フェルミ・エネルギーは下のバンド(伝導バンド)の途中に存在する. このとき, 電子は電場中で電気を運ぶことができ, 金属となる. 図2.7(b)のように, 下のバンドがすべて電子で占有され, 上のバンドが完全に空のときには, フェルミ・エネルギーはエネルギーギャップの中間にあり, 下のバンドが価電子バンド, 上のバンドが伝導バンドとなり, 価電子バンドにある電子がエネルギーギャップを超えて励起されて伝導バンドに入るときにのみ電子は電気を運ぶことができる. このような系を絶縁体といい, エネルギー

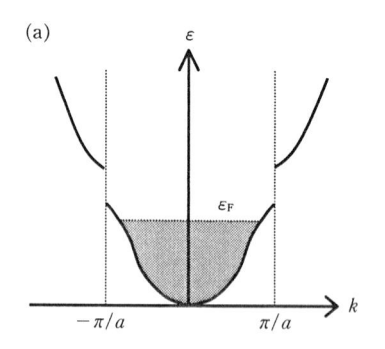

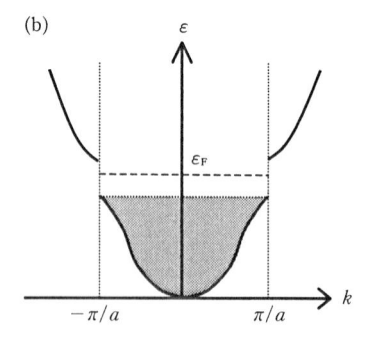

図 2.7 金属(a)と絶縁体(あるいは半導体)(b)の電子構造

ギャップが小さいときは半導体とよぶ.

　一般には電子状態は上述のように単純なものでなく，電子の種類も s, p, d, f 電子と種々の電子があり，また，結晶構造や結晶を構成する原子の種類も複数含まれ，きわめて多様な金属，絶縁体，半導体の電子状態を形成する．

3
原子に強く束縛された近似

　前章での議論では，空間を自由に走りまわる電子を基本として結晶中での電子状態の議論を行ってきた．ここでは，原子(あるいは分子)がそれぞれ電子軌道をもち，電子状態がその1次結合で記述できるという分子軌道の立場から結晶中の電子状態について議論してみよう．このような立場での描像を原子に強く束縛されたモデル(tight binding model)という．

　ここでも1次元系を対象として考えることにする．結晶格子点 l にある原子(あるいは分子)の波動関数を $\phi_a(x-la)$ とし，結晶の電子状態を原子波動関数(あるいは分子波動関数)の1次結合で表すと，結晶ポテンシャルの周期が格子定数 a で表されることを考慮して以下の式で与えられる．

$$\psi_k = \frac{1}{\sqrt{N_i}}\sum_l \exp(ikla)\phi_a(x-la) \tag{3.1}$$

ここで，N_i は結晶中のサイトの数である．結晶中の電子のハミルトニアンは

$$H = -\frac{\hbar^2}{2m_e}\frac{\partial^2}{\partial x^2} + V(x) \tag{3.2}$$

となる．式(3.1)と(3.2)をもちいて，エネルギーの期待値は式(3.3)で与えられる．

$$\begin{aligned}\varepsilon_k &= \int \psi_k^*(x) H \psi_k(x) dx \\ &= \sum_l \exp(ikla) \int \phi_a^*(x-la) H \phi_a(x) dx\end{aligned} \tag{3.3}$$

一般に，原子間(分子間)の相互作用は最近接にある原子(分子)どうしからのものが最も強いから，注目する原子(分子)(ここでは $l=0$ にあるとする)の両

隣 $l=\pm 1$ のみの相互作用を考慮し，他は無視することができる．このようにすれば，式(3.3)は以下のように簡略化することができる．

$$\varepsilon_k = -\varepsilon_0 - 2t_{//}\cos ka \tag{3.4}$$

$$\varepsilon_0 = -\int \phi_a^*(x) H \phi_a(x) dx \tag{3.5}$$

$$t_{//} = -\int \phi_a^*(x-a) H \phi_a(x) dx \tag{3.6}$$

これらの式のなかで，ε_0 はサイトのエネルギーを表し，$t_{//}$ はトランスファー積分(transfer integral)といい，サイト間の相互作用を表し，電子の運動エネルギーに関係する．式(3.4)で表される電子系のエネルギーを図示すると，図3.1のようになる．ここではエネルギーは $-\pi/a \leq k < \pi/a$ の区間のみを示しているが，式(3.4)から明らかなように，電子系のエネルギーは $2\pi/a$ の周期関数となっており，それ以外の区間も同様な振舞いをする．これは実空間で結晶中のポテンシャル周期(格子定数)が a であることを反映しており，波数空間ではその周期は格子定数の逆数に 2π を掛けたものになる．電子のエネルギーがこのような周期性をもつことから，電子系の議論は基本的には，$-\pi/a$

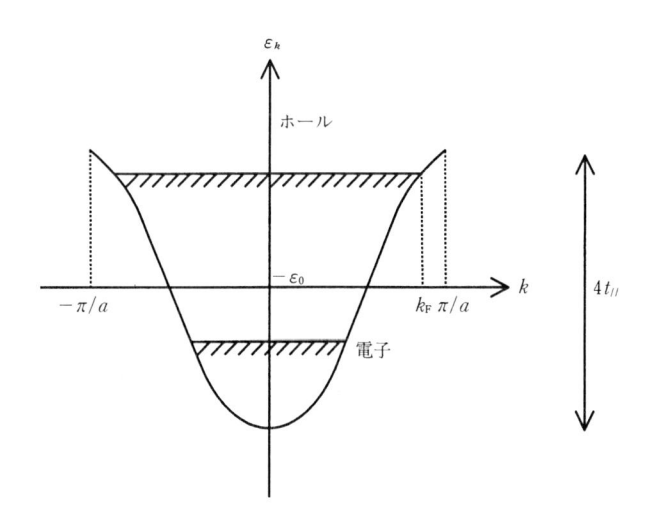

図3.1 原子に強く束縛された近似での1次元電子系の電子構造

≤k<$π/a$ の区間のみを考えれば十分であり，この区間のことを第1ブリルアン帯と名づける．

つぎに，ここで得られたエネルギーの波数依存性(図3.1)を自由電子に近いモデルで得られたもの(図2.6)と比較してみよう．両者を比較すると，自由電子に近いモデルでも原子に強く束縛されたモデルでも同様な挙動をし，第1ブリルアン帯の中心 k~0 付近では上に凸，端付近 $k=±π/a$ では下に凸の曲線となっている．このように，結晶中の電子構造については，自由電子に近いモデルでも原子に強く束縛されたモデルでも同じ結論が得られる．

ここで，両モデルの類似性をみるため，式(3.4)を k~0 付近で展開してみると以下の式が得られる．

$$\varepsilon_k = -\varepsilon_0 - 2t_{//} + t_{//}a^2k^2 \tag{3.7}$$

となる．挙動は，自由電子に近いモデルと同様に，波数の2次関数となり，式(2.6)との同一性を考慮すると電子の質量として以下の式が得られる．

$$m^* = \hbar^2 / \frac{d^2\varepsilon_k}{dk^2} = \frac{\hbar^2}{2t_{//}a^2} \tag{3.8}$$

ここでの電子の質量は必ずしも電子の本来もっている質量とは一致しない．この質量のことを有効質量(effective mass)とよぶ．有効質量は k~0 付近では正の値をもつが，式(3.4)の挙動から明らかなように，ブリルアン帯端付近 $k=±π/a$ では下に凸の性質エネルギーの分散関係を反映して，負の有効質量を有する．このように，電子のもつ質量はエネルギー分散の様子により正にも負にもなり，正の質量のときには電気伝導は電子が担う．一方，負の質量のときには，電場をかけると電子と反対方向に電流担体は走り，このような担体のことを正孔(hole)という．以上のことをまとめると以下のようになる．

$$|k| \leq π/2a \quad m^* \geq 0 \quad \text{電子伝導}$$
$$|k| > π/2a \quad m^* < 0 \quad \text{正孔伝導}$$

最後に原子に強く束縛された近似(tight binding approximation)を用いて，1次元系での電子状態密度を求めてみよう．式(3.4)をもちいると状態密度は

$$D_e(\varepsilon) = \frac{dN_e}{d\varepsilon} = \frac{dN_e}{dk}\frac{dk}{d\varepsilon} = \frac{N_i}{\pi t_{//}\sin(ka)} \tag{3.9}$$

となる.また,1つのバンドに原子(分子)当たり↑スピン,↓スピンの合計2個の電子が収容可能であることを考慮して,電子密度 n_e を用いてフェルミ波数を求めると,

$$k_F : \pi/a = n_e : 2$$

の関係から $k_F = \pi n_e/2a$ となる.これを用いて,フェルミ・エネルギーでの状態密度を求めると式 (3.10) となる.

$$D_e(\varepsilon_F) = \frac{N_i}{\pi t_{//}\sin(\pi n_e/2)} \tag{3.10}$$

4

種々の物性量の特徴

 配位化合物の電子的・磁気的性質を明らかにするためには，それらに関係する物性量を調べることが必要である．たとえば金属か半導体かの判断には簡単には電気伝導度を調べればわかる．また，磁化率や電子のもつ比熱(電子比熱)を調べることも結晶相の電子的性質を調べるときに重要になる．強磁性，反強磁性等の磁気的性質については，磁化率の挙動をみることにより解明できる．本章では，2,3章での結晶中の電子構造の議論を基礎に種々の物性量をみていこう．

4.1 電気伝導度

 2章では金属，半導体，絶縁体の電子構造について議論した．これを基に，金属が電気を流し，絶縁体が電気を流しにくいことについて調べてみよう．図2.1と式(2.5)から明らかなように，許される電子状態は $2\pi/L$ の刻みでのとびとびの値をもつ k のもののみである．また，エネルギーの分散が放物線形であるため，ブリルアン帯正側の許される波数 k に対しては $-k$ がつねに負側に存在する．一方，波数はド・ブロイ (de Broglie) の法則から運動量 $p=\hbar k$ に対応する．したがって，基底状態において電場の存在しない場合には，正方向と負の方向に同じ運動量(あるいは速度)で走る電子が同数存在し，電荷の輸送を互いに打ち消しあうため，金属，半導体，絶縁体いずれにおいても電気は流れない．
 電場が存在する場合には事情が異なる．電場中では電子は電場 E によるポ

テンシャルの影響を受け，以下の式にしたがって運動量は時間変化する．

$$\frac{dp}{dt} = -eE \tag{4.1}$$

上式をド・ブロイの法則をもちいて書き換えれば式(4.2)が得られる．

$$\frac{dk}{dt} = -\frac{eE}{\hbar} \tag{4.2}$$

式(4.2)は波数が時間とともに電場に比例する一定の速さで波数空間中を移動することを意味する．しかしながら，エネルギーが $2\pi/a$ の周期関数であることを考慮すると，エネルギーギャップの下に存在する価電子バンドが完全に埋まった半導体や絶縁体ではブリルアン帯の正，負両側に同数の電子が存在する状況は変化せず，基底状態では電子は電流を運ぶことがない．一方，金属では図4.1に示すように，正と負の運動量を有する電子の数に不均衡が生じる．つまり，電場印加により電流が流れることになる．このとき，式(4.2)からは電子はつねに加速されることが予想されるが，電子は格子振動（フォノン）や結晶格子中の不純物により散乱され，減速される．このように電場による加速と散乱による減速とのバランスで結晶のなかでの電子の運動（拡散運動）は定常状

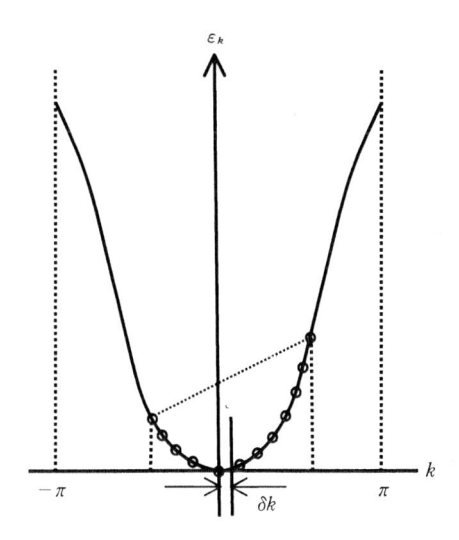

図4.1 金属における電場中の電子の様子

態をとっている．したがって，1つの散乱過程からつぎの散乱過程までの間に走る時間(緩和時間：平均自由行程を走る時間)を τ とすると，定常状態での波数の変位は以下の式で表される．

$$\delta k = -\frac{eE\tau}{\hbar} \tag{4.3}$$

このことは，すべての電子が一様に δk の運動量を獲得することを意味しており，電子の速度 v は式(4.4)で，また，電流は電子密度 n_e を用いて式(4.5)で表される．

$$v = \frac{\hbar \delta k}{m^*} = -\frac{eE\tau}{m^*} \tag{4.4}$$

$$J = n_e e(-v) = \frac{n_e e^2 \tau}{m^*} E \tag{4.5}$$

式(4.5)はオーム(Ohm)の法則である．さらに，ここから電気伝導度 σ，比抵抗 ρ が導かれる．

$$\sigma = 1/\rho = J/E = \frac{n_e e^2 \tau}{m^*} = n_e e \mu \tag{4.6}$$

ここで，$\mu (= e\tau/m^*)$ は移動度とよばれる量で，拡散運動をする電子の電場中での移動速度を示す量である．

金属中では電子密度 n_e は式(2.15)～(2.17)に示したように，フェルミ・エネルギーと関係し，温度には基本的には依存しない．したがって，抵抗の温度依存性は緩和時間の温度依存性によって決まる．緩和時間 τ は主として電子の結晶中の欠陥による散乱とフォノン散乱により決まり，以下の式で表される．

$$1/\tau = 1/\tau_{\text{imp}} + 1/\tau_{\text{ph}} \tag{4.7}$$

τ_{imp}, τ_{ph} はそれぞれ欠陥による散乱の緩和時間，フォノンによる緩和時間である．欠陥による散乱の緩和時間は温度によらず一定の値を示す．また，1章で議論したフォノン(音響型フォノン)によるフォノン散乱では，緩和時間はグリューナイゼン(Grüneisen)の公式に従い，3次元系の場合，高温領域において温度に逆比例し，フォノンのデバイ温度 Θ_D より十分低い温度領域($T \leq 0.2$

Θ_D) では T^5 の温度依存性を示す．したがって，比抵抗は高温では温度に比例して減少し，低温では T^5 の弱い温度変化をする．このような温度依存性は次元性の低下によって変化する．また，光学型フォノンが関与する場合にはアレニウス (Arrhenius) 型の活性化的な温度依存性をもつ．

半導体や絶縁体の場合には，先に述べたように，基底状態では電気伝導は存在しない．したがって，絶対零度での抵抗は無限大となる．温度が上昇すると価電子バンドにある電子は熱励起して伝導バンドに入る．電子の抜けた価電子バンドには電子の抜け殻として正孔が生じる．このようにして，ブリルアン帯における正方向と負方向の運動量のバランスが崩れ，電場中では電気伝導が発生する．電子は電場方向に走り，正孔はそれと反対方向に走る．

伝導帯に励起された電子数は式 (2.13) と同様な議論により，以下の式で与えられる．

$$N_e = \int_{\varepsilon_g}^{\infty} D_e(\varepsilon) f(\varepsilon) d\varepsilon \tag{4.8}$$

ここでは伝導バンドはエネルギーギャップ以上のエネルギー領域にあるので，たとえば3次元電子系の場合には，式 (2.11) から類推されるように，状態密度は式 (4.9) により与えられる．

$$D_e(\varepsilon) = \frac{V}{2\pi^2} \left(\frac{2m^*}{\hbar^2} \right)^{3/2} (\varepsilon - \varepsilon_g)^{1/2} \tag{4.9}$$

価電子バンドと伝導バンドのみからなる半導体 (絶縁体も同じ) では，一般に化学ポテンシャル ζ はエネルギーギャップの真ん中にあり，電子の励起に必要なエネルギー (活性化エネルギー) はエネルギーギャップの値の半分となる．したがって，励起される電子のエネルギー ε は以下の条件を満足する．

$$\varepsilon - \zeta > \varepsilon_g - \zeta = \varepsilon_g - \frac{1}{2}\varepsilon_g = \frac{1}{2}\varepsilon_g$$

半導体，絶縁体ではエネルギーギャップは熱エネルギーに比べてはるかに大きい ($\varepsilon_g \gg k_B T$) ので，$\varepsilon - \zeta \gg k_B T$ となり，フェルミ分布関数式 (2.12) は次のように近似される．

$$f(\varepsilon) \approx \exp[(\zeta - \varepsilon)/k_B T] \tag{4.10}$$

式 (4.8), (4.9), (4.10) を用いて，励起された電子数は式 (4.11) で与えられる．

$$N_e = \frac{V}{2\pi^2}\left(\frac{2m^*}{\hbar^2}\right)^{3/2} \exp(\zeta/k_B T) \int_{\varepsilon_g}^{\infty} (\varepsilon - \varepsilon_g)^{1/2} \exp(-\varepsilon/k_B T) d\varepsilon$$
$$= 2V \left(\frac{m^* k_B T}{2\pi\hbar^2}\right)^{3/2} \exp(-\varepsilon_g/2k_B T) \quad (4.11)$$

上式においては，$T^{3/2}$ の温度依存性は $\exp(-\varepsilon_g/2k_B T)$ の温度依存性に比べてはるかに小さいため，電子数の温度依存性は主として後者で決まる．一方，電子励起により価電子バンドに発生する正孔数 N_p は，伝導バンドに励起された電子数と同じであるので，同様にして，

$$N_p \propto \exp(-\varepsilon_g/2k_B T) \quad (4.12)$$

電場中では，電子，正孔とも電気伝導に関わる担体となるので，電子密度 $n_e = N_e/V$，正孔密度 $n_p = N_p/V$ を用いて，電気伝導度は以下の式で与えられる．

$$\sigma = n_e e \mu_e + n_p e \mu_p \quad (4.13)$$

ここで，μ_e, μ_p は電子と正孔の移動度である（これらは，音響型フォノンが散乱に働く場合には $T^{-3/2}$ の温度依存性をもち，式 (4.11) 中の $T^{3/2}$ 項と相殺される）．このようにして，半導体，絶縁体の電気伝導度は式 (4.14) に従い，温度の低下とともに活性化型に減少し，絶対零度で 0 となる．

$$\sigma = \sigma_0 \exp(-\varepsilon_g/2k_B T) \quad (4.14)$$

4.2 磁化率

磁化率も金属や半導体の電子状態を反映した重要な物性量である．一般の絶縁体や半導体の場合には，↑スピンをもつ電子と↓スピンをもつ電子により価電子バンドが電子で埋まっているため，磁気モーメントは相殺され，スピンによる磁化率は発生しない．エネルギーギャップが小さい場合には，温度が上昇していくと，励起された電子と正孔等のもつ磁気モーメントが磁気的性質に

きいてくる.

金属の場合には事情は異なり，磁場中では，ゼーマン (Zeeman) 効果により↑スピンと↓スピンをもつ電子の数に差が生じ，磁性を発生する．このようなスピンによる磁性をパウリ常磁性という．ここでは，パウリ常磁性の挙動をみてみよう．

磁場中では，ゼーマン効果により，↑スピンと↓スピンの状態は分裂する．

$$\begin{aligned}\varepsilon_{k\uparrow} &= \varepsilon_k - \frac{1}{2}g\mu_B SH \\ \varepsilon_{k\downarrow} &= \varepsilon_k + \frac{1}{2}g\mu_B SH\end{aligned} \quad (4.15)$$

ここで，$\varepsilon_{k\uparrow}, \varepsilon_{k\downarrow}$ は↑スピンと↓スピンをもった電子のエネルギー，$S=1/2$ は電子スピン，また，g, μ_B は g 値，ボーア (Bohr) 磁子 $\left(\mu_B = \dfrac{e\hbar}{2m_e c}\right)$ である．この様子を 3 次元金属の場合について図 4.2 に示す．フェルミ・エネルギーにおける状態密度を↑スピンと↓スピンを区別して書くと以下の式になる．

$$\begin{aligned}D_e(\varepsilon_F) &= D_{e\uparrow}(\varepsilon_F) + D_{e\downarrow}(\varepsilon_F) = D_e(\varepsilon_F - (1/2)g\mu_B H) + D_e(\varepsilon_F + (1/2)g\mu_B H) \\ &\approx (1/2)D_e(\varepsilon_F) + (1/2)D_e(\varepsilon_F)\end{aligned} \quad (4.16)$$

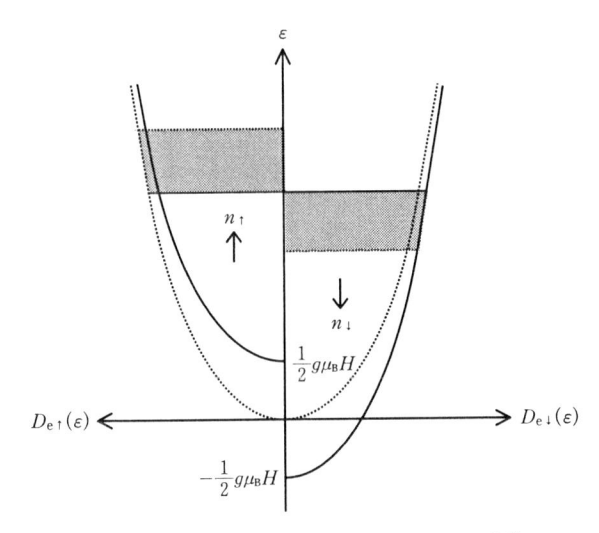

図 4.2 3 次元金属でのアップスピンとダウンスピンの状態のゼーマン効果による変化 (ここでは $g=2$ としている)

ここでゼーマン・エネルギーがたかだか1T程度($\approx 1\,\mathrm{K}$)であり,フェルミ・エネルギーが1eV程度($\approx 10000\,\mathrm{K}$)かそれ以上であることを考慮すると,式(4.16)の最後の関係が得られる.以上を用いて↑スピン,↓スピンの電子数を計算すると

$$N_{e\uparrow}=\int_0^\infty \frac{1}{2}D_e(\varepsilon)f(\varepsilon_k-\frac{1}{2}g\mu_B H)d\varepsilon$$
$$N_{e\downarrow}=\int_0^\infty \frac{1}{2}D_e(\varepsilon)f(\varepsilon_k+\frac{1}{2}g\mu_B H)d\varepsilon \quad (4.17)$$

となる.磁化は↑スピンと↓スピンの電子数の差を用いて式(4.18)となる.

$$\begin{aligned}M&=-\frac{1}{2}g\mu_B \Delta N_e=-\frac{1}{2}g\mu_B(N_{e\downarrow}-N_{e\uparrow})\\&=\frac{1}{2}\frac{1}{2}g\mu_B\int_0^\infty[f(\varepsilon-\frac{1}{2}g\mu_B H)-f(\varepsilon+\frac{1}{2}g\mu_B H)]D_e(\varepsilon)d\varepsilon\\&=(\frac{1}{2}g\mu_B)^2H\int_0^\infty\left(-\frac{\partial f(\varepsilon)}{\partial\varepsilon}\right)D_e(\varepsilon)d\varepsilon=(\frac{1}{2}g\mu_B)^2HD_e(\varepsilon_F)\end{aligned} \quad (4.18)$$

ここから磁化率を計算すると以下のようになる.

$$\chi=\frac{\partial M}{\partial H}=\mu_B^2 D_e(E_F) \quad (4.19)$$

ここで,$g=2$,$S=1/2$とおいた.原子に強く束縛されたモデルを用いて,このパウリ常磁性の値は式(3.10)から式(4.20)のようになる.

$$\chi=\frac{\mu_B^2 N_i}{\pi t_{//}\sin(\pi n_e/2)} \quad (4.20)$$

式(4.19),(4.20)から明らかなように,金属のスピン常磁性は温度によらず一定で,フェルミ・エネルギーでの状態密度に比例した小さな正の値となる.

4.3 結晶中の電子の挙動を反映するそのほかの物性量

4.1,4.2節では電気伝導,磁性について関連する物性量の議論をしてきた.そのほかにも金属,半導体,絶縁体を特徴付ける物性量がある.熱起電力やホール(Hall)効果は電気を流す担体の性質を反映する重要なものである.ま

た，比熱（電子比熱）や反射スペクトルも電子構造を知るうえで重要な物性量である．

熱起電力について議論しておこう．棒状の結晶の両端に温度差をつけるとその間に電位差 V が発生する．このとき発生する電位差を熱起電力といい，

$$S = dV/dT \tag{4.21}$$

を熱電能という．詳しい計算は省略するが，電子の拡散運動により発生する熱起電力は以下の式で表される．

$$S = \frac{\pi^2 k_B{}^2 T}{3e} \left(\frac{\partial \ln \sigma}{\partial \varepsilon} \right)_{\varepsilon_F} \tag{4.22}$$

原子に強く束縛されたモデルを用い，1次元系での熱電能を計算すると式(4.23)となる．

$$S = \frac{\pi^2 k_B{}^2 T}{6 e t_{//}} \frac{\cos(\pi n_e/2)}{1 - \cos^2(\pi n_e/2)} \tag{4.23}$$

熱起電力は電流担体が電子の場合には正の値，正孔の場合には負の値となるので担体の起源を知る有力な手段となる．

また，ホール効果も電流担体の挙動を知るうえで重要なものである．磁場中での伝導度は式(4.5)の電流の式に磁場によるローレンツ(Lorentz)力の項をつけ加えて次式となる．

$$\boldsymbol{J} = n_e e \mu \boldsymbol{E} - \frac{\mu}{c}(\boldsymbol{J} \times \boldsymbol{H}) \tag{4.24}$$

μ は移動度，c は光速である．磁場の方向が電場の作用する面と直向している場合には電流は式(4.25)で表される．

$$\begin{aligned} J_x &= n_e e \mu \left[E_x - \frac{\mu H}{c} E_y \right] \Big/ \left(1 + \frac{\mu^2 H^2}{c^2} \right) \\ J_y &= n_e e \mu \left[E_y + \frac{\mu H}{c} E_x \right] \Big/ \left(1 + \frac{\mu^2 H^2}{c^2} \right) \end{aligned} \tag{4.25}$$

ここで，磁場方向は z 方向，電場は xy 面内にあるとする．電流が x 方向に流れている場合には $J_y = 0$ となる．したがって，

$$E_y = -\mu H E_x/c, \qquad J_x = n_e e \mu E_x$$

となる.また,

$$R_H = \frac{E_y}{HJ_x} \tag{4.26}$$

で定義される量 R_H をホール係数という.電子の場合には式(4.27)のような値になり符号は負になる.このホール係数から電流担体の数が求められる.

$$R_H = -\frac{1}{n_e ec} \tag{4.27}$$

担体が正孔の場合にはホール係数は正となる.このようにホール係数からフェルミ・エネルギー付近に存在する電流担体の起源が明らかになる.

電子比熱も電子構造を反映しており,詳しい計算は省略するが以下の式で与えられる.

$$C_e = \frac{1}{3}\pi^2 k_B{}^2 D_e(\varepsilon_F) T \tag{4.28}$$

電子比熱は温度に比例し,その比例係数はフェルミ・エネルギーでの状態密度を反映する.

5
低次元電子系の特異性

5.1 電子的不安定性

　一般に金属の基底状態は不安定である．半導体や絶縁体の場合には，エネルギーギャップを境に低エネルギー側には電子で完全に詰まった価電子バンドが存在し，高エネルギー側には空の伝導バンドが存在する．このため基底状態から電子の励起をするためには少なくともエネルギーギャップよりも大きなエネルギーを必要とする．このことにより，半導体や絶縁体では安定な基底状態をとる．一方，金属の場合にはバンドの中途にフェルミ・エネルギーが存在し，バンドのエネルギーは連続的であるため，電子は無限小のエネルギーによっても励起され，基底状態は壊される．このため金属相は本質的な不安定性をもっており，安定な状態へと転移する傾向をもっている．この傾向はとくに低次元電子系で顕著であり，この電子的不安定性を通して，絶縁体的性格を有する電荷密度波 (charge density wave；CDW) やスピン密度波 (spin density wave；SDW) の相へと転移し，エネルギーギャップを生じる．この節では，このような低次元特有の電子的不安定性について議論していこう．

　絶対零度の場合を考えて，1次元電子系の自由電子に波数 Q で空間的に振動する摂動ポテンシャル $V(x)$ の影響を考える．

$$V(x) = V_Q \exp(iQx) \tag{5.1}$$

無摂動系のハミルトニアン H_0 (式(2.1))，波動関数として式(2.2)を用いる．これに摂動として加わるポテンシャル $V(x)$ を考えると，摂動により生じる新しい固有状態の波動関数は次式となる．

$$\psi_k = \phi_k + a_{k+Q}\phi_{k+Q} \tag{5.2}$$

$$a_{k+Q} = \frac{V_Q}{\varepsilon_k - \varepsilon_{k+Q}} \tag{5.3}$$

したがって摂動ポテンシャルの働く系での電子密度は以下の式で与えられる.

$$\rho(x) = \frac{1}{N_e} \sum_k |\psi_k|^2 \tag{5.4}$$

式 (5.2) を (5.4) に代入し,a_{k+Q} の 1 次までとると

$$\rho(x) = \frac{1}{N_e L} \sum_k (1 + a_{k+Q}\exp(iQx) + a_{k+Q}^*\exp(-iQx)) \tag{5.5}$$

となる.ここで,空間依存性をもつ第 2,3 項のみを考える.式 (5.3) を代入すると電子密度の空間変化は式 (5.6) で与えられる.

$$\rho(x) = \frac{1}{N_e L} \sum_k \left[\frac{V_Q \exp(iQx)}{\varepsilon_k - \varepsilon_{k+Q}} + \mathrm{c.c.} \right] \tag{5.6}$$

ここで,摂動ポテンシャルとして式 (5.1) の代わりに実のポテンシャル式 (5.7) をとる.

$$V(x) = V_Q \exp(iQx) + V_Q^* \exp(-iQx) \tag{5.7}$$

その結果,電子密度は以下の式で与えられる.

$$\rho(x) = -\frac{1}{N_e L} V(x) \sum_k \frac{1}{\varepsilon_k - \varepsilon_{k+Q}} \tag{5.8}$$

ここで $\rho(x)$ をフーリエ (Fourier) 展開すると

$$\rho(x) = \frac{1}{L} \sum_Q \rho_Q \exp(iQx) \tag{5.9}$$

となる.さらに式 (5.8),(5.9) より

$$\rho_Q = -V_Q \chi(Q) \tag{5.10}$$

$$\chi(Q) = \frac{1}{N_e} \sum_k \frac{1}{\varepsilon_k - \varepsilon_{k+Q}} \tag{5.11}$$

が得られる.$\chi(Q)$ は感受率といわれ,波数依存性を有する.1 次元系で $\rho(Q)$ を計算すると ($T=0$),以下の関係式が得られる.

$$\chi(Q) = \frac{2m_e L}{\pi N_e \hbar Q} \ln \left| \frac{Q + 2k_F}{Q - 2k_F} \right| \tag{5.12}$$

$\rho(Q)$ の波数依存性を図示すると,図 5.1 のようになる.1 次元系では $Q = 2k_F$

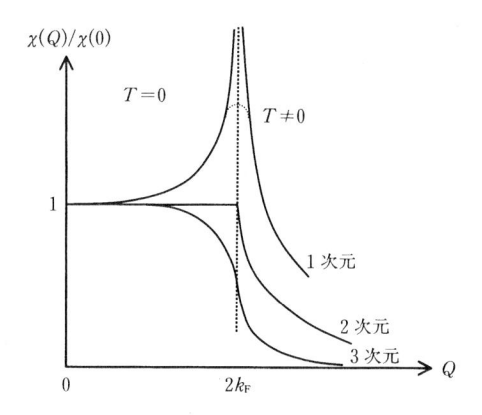

図 5.1 1次元，2次元，3次元電子系の感受率の波数依存性

において発散傾向をもつ．このことは式 (5.10) から明らかなように，周期 $2\pi/Q=2\pi/2k_\mathrm{F}$ のポテンシャルの場合には，仮に無限小の強さのポテンシャルでも有限の大きさの電荷密度の波 ρ_{2k_F} が生じることを意味している．いい換えると，1次元系においては金属状態は不安定であり，周期 $2\pi/2k_\mathrm{F}$ の波が自発的に発生することを示すものである．このような電子的不安定性をパイエルス (Peierls) 不安定性，電荷の粗密波のことを電荷密度波という．図 5.1 には2次元系，3次元系についても示す．2次元，3次元系では図から明らかなように，$\rho(Q)$ は $Q=2k_\mathrm{F}$ において弱い異常を示すが，いずれの波数においても発散傾向はもたず，したがって電荷密度波は生じない．

なぜ1次元系で $\chi(Q=2k_\mathrm{F})$ の発散が起きたのか，原因を調べてみよう．図 2.4 に描かれた1次元，2次元のフェルミ面を図 5.2 に図示する．1次元電子系では図 5.2(a) に示すように，k_y 方向に平行移動することにより，$Q=2k_\mathrm{F}$ で式 (5.11) で結合する $\varepsilon_k, \varepsilon_{k+Q}$ はフェルミ面のなかに無数に存在できる．したがって，フェルミ面ではつねに $\varepsilon_{-k_\mathrm{F}}-\varepsilon_{-k_\mathrm{F}+Q}=\varepsilon_{-k_\mathrm{F}}-\varepsilon_{k_\mathrm{F}}=0$ となるから，式 (5.11) において $\chi(2k_\mathrm{F})$ が発散することがわかる．一方，$Q=2k_\mathrm{F}$ で発散に寄与する項は，図 5.2(b) に示すように，2次元フェルミ面では一点のみであり，その結果 $\chi(2k_\mathrm{F})$ の発散は抑えられる．このように $\chi(2k_\mathrm{F})$ の発散はフェルミ面の形状に大きく依存し，1次元系においてはフェルミ面の両端 $-k_\mathrm{F}$ と k_F が同

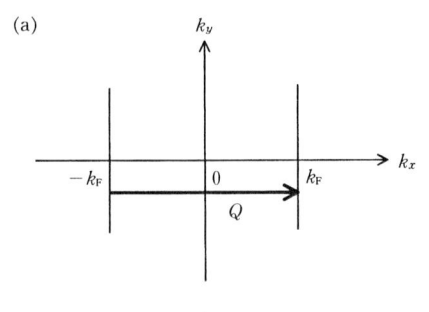

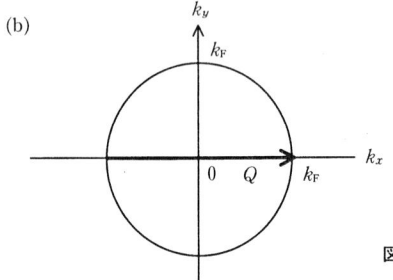

図 5.2 1次元, 2次元金属のフェルミ面とネスティングベクトル

じ幾何学的構造を有していることに起因している。このようなフェルミ面の幾何学構造をフェルミ面のネスティングという。また、フェルミ面での始状態、終状態を結びつけるベクトル $\boldsymbol{Q}$ のことをネスティングベクトルという。1次元系ではフェルミ面は完全なネスティングをしている。1次元でなくても、波数 Q で結ばれるフェルミ面の両端が同じ構造をしている場合にはフェルミ面のネスティングが生じ、$\chi(Q)$ の発散が起きることにより、電荷密度波状態が形成されることがある。

1次元系で電荷密度波が生じたときの電子状態をみてみよう。2章(図 2.6 参照)で議論したように、周期 a のポテンシャルが存在する系では $\pm\pi/a$ においてエネルギーギャップを発生する。このことを考慮すると、$2\pi/2k_F$ の電荷密度波が生じると、$\pm k_F$ においてエネルギーギャップが発生することがわかる。エネルギーギャップが現れる結果、フェルミ面は消滅し、金属状態は絶縁体(半導体)状態に変わり、系のエネルギーは安定化する。発生するエネルギーギャップをパイエルス・ギャップという。

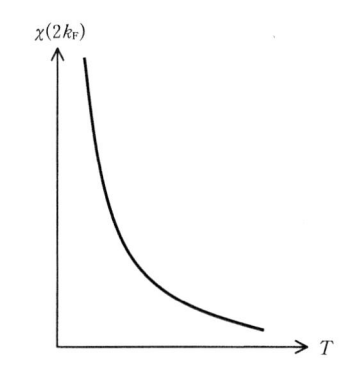

図5.3 1次元電子系の感受率 $\chi(2k_F)$ の温度依存性

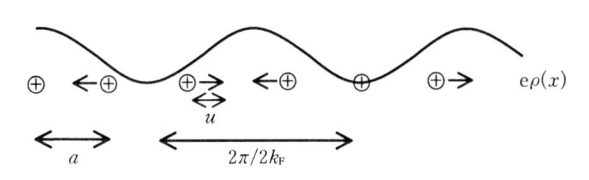

図5.4 電荷密度波と格子歪

温度が上昇すると，電子励起のためフェルミ面は不鮮明になる．したがって，ネスティングの条件は次第に甘くなり，$\chi(2k_F)$ の発散も抑えられてくる（図5.1）．この傾向は次式および図5.3で表されるとおりである．

$$\chi(2k_F) = \frac{D(\varepsilon_F)}{2N_e} \ln \frac{1}{k_B T} + C \tag{5.13}$$

ここで，C は定数である．

5.2 パイエルス転移

つぎに発生した電荷密度波の結晶格子との相互作用についてみてみよう．図5.4に図示するように，電子系に電荷密度波発生により電荷の粗密が起こると電子が負電荷をもつため正の電荷をもつ結晶格子サイトにある原子（分子）を引きつけ，結果として格子歪を生じる．すなわち，電荷密度波が結晶中で安定

化するためには,格子歪のエネルギー損に抗して電荷密度波生成によるエネルギーの安定化が起こらなければならない.そして,格子歪の発生により電荷密度波周期との不整合が解消される.このような両者の競争には電子-格子相互作用が主役を担う.

電荷密度波形成による電子系の安定化エネルギーは周期 Q のポテンシャル V_Q と発生する電荷密度 ρ_Q を用いて,以下の式で与えられる.

$$\Delta E_{\mathrm{el}} = N_e \rho_Q V_Q = -N\chi(Q)V_Q^2 \tag{5.14}$$

一方,波数 Q の周期をもつ格子歪 $u(x)$(格子点からのずれ)は式(5.15)で与えられ,これと格子のバネ定数 f を用いると格子歪のエネルギーは式(5.16)となる.

$$u(x) = u_Q \cos(Qx) \tag{5.15}$$

$$\Delta E_{\mathrm{lattice}} = \frac{1}{2} f u_Q^2 \tag{5.16}$$

また,この格子歪が電子系に与えるポテンシャルは以下のとおりになる.

$$V(x) = V_Q \cos(Qx) = \lambda_{\mathrm{e-p}} u_Q \cos(Qx) \tag{5.17}$$

ここで,$\lambda_{\mathrm{e-p}}$ は電子-格子相互作用定数とよばれる量であり,電子系と格子系の相互作用の強さを表す.このようにして,電子系のエネルギー利得と格子歪によるエネルギー損とのバランスは以下の式で与えられる.

$$\begin{aligned}\Delta E &= \Delta E_{\mathrm{el}} + \Delta E_{\mathrm{lattice}} \\ &= -N_e\chi(Q)V_Q^2 + \frac{1}{2}fu_Q^2 = -V_Q^2\left(N_e\chi(Q) - \frac{f}{2\lambda_{\mathrm{e-p}}^2}\right)\end{aligned} \tag{5.18}$$

この式から $T=0\,\mathrm{K}$ では $\chi(Q=2k_\mathrm{F})$ は発散し,結果として $\Delta E<0$ となり,電荷密度波は格子歪を伴って安定化される.このようにして格子に生じた波数 $2k_\mathrm{F}$ の歪をパイエルス歪という.温度が上昇すると式(5.13)で示されるように $\chi(Q=2k_\mathrm{F})$ の発散傾向は抑えられ,ある温度で $\Delta E=0$ となり,それ以上の温度では $\Delta E>0$ となるため,電荷密度波は安定化されない.電荷密度波が絶縁体状態であることを考えると,温度上昇に伴い絶縁体から金属状態へ $\Delta E=0$ を境にして転移することを示している.このような金属-絶縁体転移をパイエ

5.2 パイエルス転移

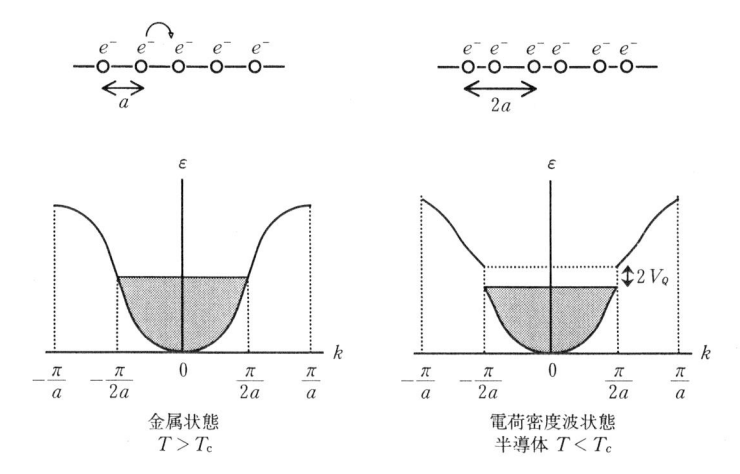

図 5.5 金属状態 (a), 電荷密度波状態 (b) と格子周期
電子が伝導帯を半分占める場合 (half-filled) を示している.

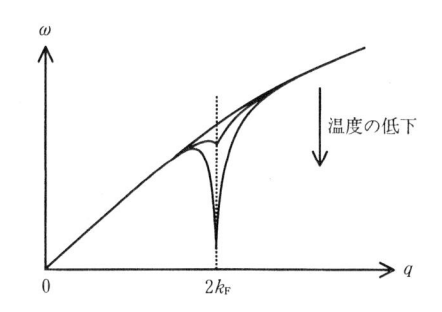

図 5.6 コーン異常によるフォノンの分散関係の温度変化

ルス転移といい,詳しい計算をするとパイエルス転移温度は以下の式で与えられる.

$$T_c = \frac{A}{k_B} \exp\left[-\frac{f}{\lambda_{e-p}^2 D_e(\varepsilon_F)}\right] \tag{5.19}$$

ここで,A は定数である.以上を総合すると金属-絶縁体転移に伴う電子状態と格子周期の変化は図 5.5 に示すようになる.

このようにパイエルス転移点以下では電荷密度波が静的な格子歪を伴って安定化をする.しかしながら,転移点以上においても動的な格子歪の兆候が現れ

る．フォノンは金属-絶縁体転移より十分高い温度では，1章図 1.2 に示すようなエネルギー分散関係をもつ．低温で電荷密度波状態が安定化される場合，温度が低下しパイエルス転移点の上から転移点 T_c に近づくと $q=2k_F$ のところに図 5.6 に示すようなエネルギー低下を伴う異常が発生する．このようなエネルギー低下をフォノンのソフト化といい，異常をコーン (Kohn) 異常という．温度がさらに T_c に近づくとこのコーン異常によるフォノンのソフト化はさらに大きくなり，T_c において $q=2k_F$ のフォノンエネルギーはゼロになる．その結果，格子は静的な超周期（周期 π/k_F）を T_c 以下でもつことになる．このようなフォノンの挙動やコーン異常は低次元電子系を有する系に特有なものであり，中性子非弾性散乱の実験により調べることができる．

いままでみてきた低次元電子系の電子的不安定性は，電子-格子相互作用を通して電荷密度波状態へ安定化する．電子-格子相互作用の代わりに，サイト内での電子間クーロン (Coulomb) 反発が働く場合にもギャップを開いて絶縁体へと転移することがある．1 つの電子があるサイトにある原子（分子）を占

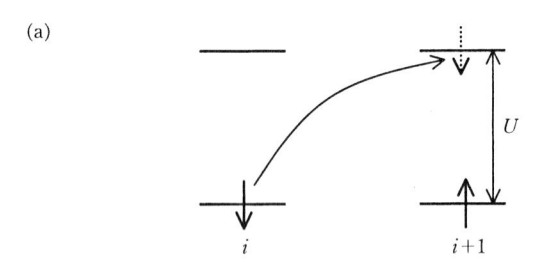

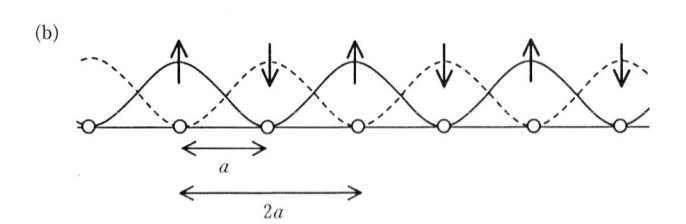

図 5.7 (a) クーロン相互作用のある場合の格子位置 i から隣りの格子位置 $i+1$ への電子の移動，(b) スピン密度波状態

めるとき，さらに外からもう1つの電子が同じサイトの原子(分子)に入ると，2つの電子どうしは電子間反発により，図5.7(a)に示すように，1つ目の電子に比べクーロン・エネルギー($U=e^2/\varepsilon r$)分だけエネルギーが上昇する．ここでは，1つ目の電子が↑をもつとすると，パウリの原理から2個目として入れる電子は↓スピンをもつもののみである．またrは2の電子間距離，εは誘電率である．したがって，隣りどうしのサイト$i, i+1$では異なるスピンをもつ状態が安定化する．このような↑スピンをもつ電子の密度と↓スピンをもつ電子の密度が空間的に分離し，スピン密度の波ができる．このような波をスピン密度波といい，図5.7(b)に示すように，スピン密度波の形成によっても，超周期構造ができ，エネルギーギャップが発生する．このようなギャップをスピン密度波ギャップという．

電子的不安定性によって形成される状態が，電荷密度波かスピン密度波かは働く相互作用が電子-格子相互作用か，電子間クーロン反発相互作用(電子相関)かによっており，トランスファー積分，電子-格子相互作用，電子間クーロン反発相互作用の競合により低次元電子系では多様な電子相が形成される．さらに，異なるサイトにある電子間にクーロン反発相互作用が働くと，電荷が格子上に列した電荷整列状態も発生する．

6
超 伝 導

6.1 超伝導現象

 5章で議論したように金属状態は本質的な不安定性をもっており，何らかの摂動を通して自発的に安定化を図ろうとする．低次元電子系の場合にはこの傾向はとくに顕著であり，安定化の1つが電荷密度波であり，また，もう1つがスピン密度波である．超伝導も金属の不安定化を解消するメカニズムであり，1次元系ではなく，次元性の高い電子系に現れる．

 超伝導を現象的に記述するとき最も際立った性質は完全導電性と完全反磁性である．完全導電性は電気抵抗0となることであり，完全反磁性はマイスナー(Meissner)効果ともよばれ，超伝導体から磁力線を完全に排除する性質である．このような完全導電性，完全反磁性については London が現象論の立場から説明している．抵抗のない電子の電場中での運動を考えよう．ここでは速度 v の電子に式 (6.1) に示すローレンツ (Lorentz) 力が働き，電流 J が流れる．

$$\boldsymbol{f} = m_e \dot{\boldsymbol{v}} = e\boldsymbol{E} \tag{6.1}$$

$$\boldsymbol{J} = n_e e \boldsymbol{v} \tag{6.2}$$

式 (6.1), (6.2) を組み合わせると以下の式となる．

$$\boldsymbol{E} = \frac{m_e}{n_e e^2} \dot{\boldsymbol{j}} \tag{6.3}$$

これをロンドンの第1方程式といい，これから完全導電性が説明できる．すなわち式 (6.3) から $E=0$ で $J=\text{const}$ となり，電場がなくても電流がながれ，抵抗が発生しないことになる．つぎに完全反磁性を説明する．マクスウェル

(Maxwell)の方程式の1つ

$$\nabla \times \boldsymbol{E} = -\left(\frac{1}{c}\right)\frac{\partial \boldsymbol{B}}{\partial t} \quad (6.4)$$

を式(6.3)に代入すると次式が得られる．

$$\boldsymbol{B} = -\frac{m_e c}{n_e e^2}\nabla \times \boldsymbol{J} \quad (6.5)$$

さらにつぎのマクスウェルの方程式の1つ式(6.6)を式(6.5)に代入すると式(6.7)となる．この式をロンドンの第2方程式といい，完全反磁性を表す．

$$\nabla \times \boldsymbol{B} = \frac{4\pi}{c}\boldsymbol{J} \quad (6.6)$$

$$\nabla^2 \boldsymbol{B} = \left(\frac{1}{\lambda^2}\right)\boldsymbol{B} \quad (6.7)$$

ここで，λはロンドンの侵入深さといい，式(6.8)で表される．

$$\lambda = \left(\frac{m_e c^2}{4\pi n_e e^2}\right)^{-1/2} \quad (6.8)$$

図6.1に示すように，座標をz軸にとり，$z=0$に超伝導体の表面があり，zの正側に超伝導体があるとすると，式(6.7)の解は$\boldsymbol{B}(z)=\boldsymbol{B}(0)\exp(-z/\lambda)$となり，磁場は超伝導体の表面から$\lambda$程度の深さに入るとほとんど消えてしまう．実際の超伝導体では$\lambda \sim 10^{-6}$ cm程度であり，したがって磁場は超伝導体内部には入れない．すなわち，温度を下げていき，超伝導状態になると，磁場は超伝導体内部から排除されてしまう．これが完全反磁性であり，そのとき，磁化率は$\chi = -1/4\pi$となる．後で示すが，式(6.8)のなかではn_eは電子の密

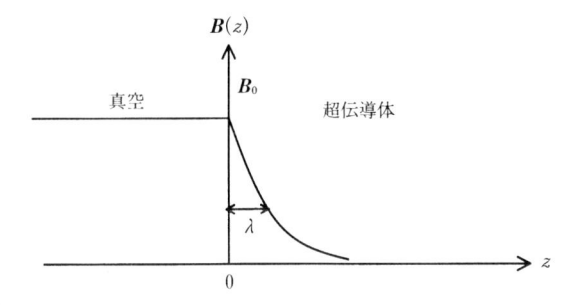

図6.1 超伝導体への磁場の侵入の様子

度であるが,これは正しくなく,実際にはこれは $2n_e$ となる.このことは,超伝導の起源が電子ではなく,クーパー (Cooper) 対という電子対からなることによっている.

　磁場を強くしていくとどうなるだろうか? 磁場が弱いときには,超伝導体内部には磁力線は入れない.磁場を強くしていくと,ある磁場の値で突然磁場が超伝導体内部に侵入し,通常金属の状態になる.このときの磁場を臨界磁場 H_c といい,図 6.2 の破線に示すような磁化過程を示す.このような挙動を示す超伝導体を第 1 種超伝導体という.また,図 6.2 の実線のような磁化過程を示す超伝導体もある.弱磁場では第 1 種超伝導体の磁化過程と同様であるが,磁場強度を増していくと,ある磁場以上では磁力線は通常金属状態の目を形成して次第に超伝導体内部に侵入していく,さらに磁場を上げていくと,ある磁場のところで,すべての内部の領域に磁力線が侵入し,通常金属の状態になる.このような磁化過程を経て,磁場の侵入する超伝導体のことを第 2 種超伝

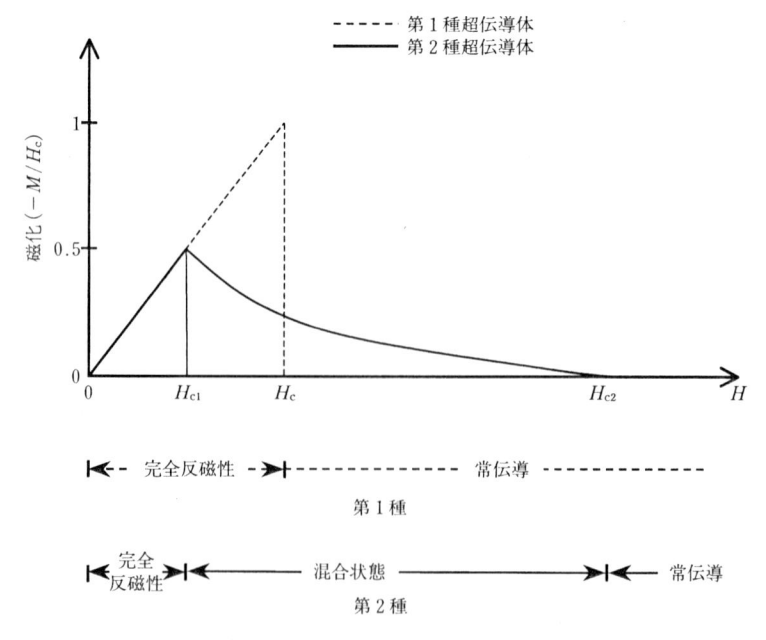

図 6.2 第 1 種,第 2 種超伝導体の磁化過程

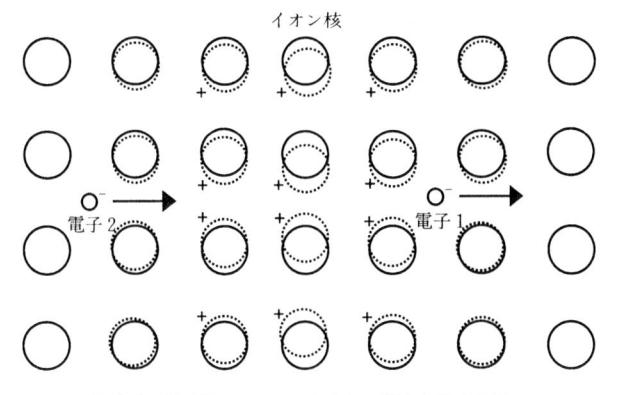

図 6.3 電子間にフォノンを介して引力が働く仕組み

導体といい，磁力線の侵入し出す磁場のことを第 1 臨界磁場 H_{c1}，通常金属となる磁場を第 2 臨界磁場 H_{c2} という．

6.2 BCS 理論

つぎにミクロな立場から超伝導の機構を調べよう．Bardeen, Cooper, Shrieffer らの BCS 理論によれば，2 つの電子間に働くクーロン斥力に打ち勝って，両者間に引力が働くことにより超伝導が発生し，この引力を担っているのは電子-格子相互作用である．図 6.3 にその仕組みの概略を示す．電子 1 が正電荷をもつイオンからなる結晶中を通過すると，電子とイオンの間に働くクーロン引力のため，電子の軌跡付近に存在するイオンは電子の軌跡方向にわずかに変位する．電子の速度はイオンの運動に比べてきわめて速いので，電子が走り去った後にイオンの変位のみが残り，変位を生じた部分に，周りに比べて正電荷の濃い部分が発生する．近くにいるもう 1 つの電子 (電子 2) はこの正電荷の濃い部分に引きつけられ，結果として 2 つの電子間に引力が働く．このようにして生じた電子対をクーパー対といい，これが超伝導の起源となる．上述からわかるように，電子との相互作用により，格子歪 (フォノン) が発生することから，超伝導には電子-格子相互作用が主役を担っている．

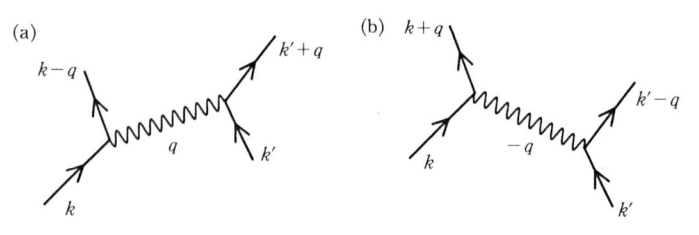

図6.4 フォノン交換を介しての電子間相互作用

2つの電子間の相互作用を図6.4のように図示してみよう．(a)に示すように運動量(波数)kをもつ電子は運動量qをもつフォノンを放出し，運動量$k-q$をもつ状態となる．一方，運動量k'をもつ電子は放出されたフォノンから運動量qを受け取り$k'+q$の状態となる．このようなフォノンを媒介して生じる電子間相互作用は式(6.9)により表現される．

$$V_{\text{e-p}} = \frac{|M_{k,k-q}|^2}{\varepsilon_k - \varepsilon_{k-q} - \hbar\omega_q} \tag{6.9}$$

ここで，$\hbar\omega_q$はフォノンのエネルギーであり，$M_{k,k-q}$は$k, k-q$状態間の電子-格子相互作用の行列要素を表す．

$$M_{k,k-q} = \int \psi_k(r)^* V(r) \psi_{k-q}(r) dr \tag{6.10}$$

2つの電子は区別がつかないため，2つの電子のフォノンの放出，吸収の過程を逆にした過程(図6.4(b))の寄与も考慮して，2つの過程を足し合わせると式(6.11)となる．

$$V_{\text{e-p}} = \frac{2\hbar\omega_q |M_{k,k-q}|^2}{(\varepsilon_k - \varepsilon_{k-q})^2 - (\hbar\omega_q)^2} \tag{6.11}$$

電子のエネルギーに比べてフォノンのエネルギーが桁違いに小さいため，$V_{\text{e-p}}$は通常は正の値をとり，電子間には斥力が働く．しかし，$|\varepsilon_k - \varepsilon_{k-q}| < \hbar\omega_q$のときには$V_{\text{e-p}}$は負の値となり，電子間相互作用は引力となる．$\varepsilon_k$, ε_{k-q}がともにフェルミ・エネルギー付近にある場合には$|\varepsilon_k - \varepsilon_{k-q}| \ll \hbar\omega_q$となって電子間に引力が働き，式(6.11)は以下の値となる．

6.2 BCS理論

$$V_{\text{e-p}} = -\frac{2|M_{k,k-q}|^2}{\hbar\omega_q} \tag{6.12}$$

電子間にはもともと,クーロン斥力 V_{Coul} があるから,このことを考慮すると正味の電子間引力は式(6.13)で与えられる.

$$-V = V_{\text{Coul}} + V_{\text{e-p}} \tag{6.13}$$

この引力を用いて,超伝導転移点を計算すると,式(5.19)と類似の式(6.14)が得られる.このことは,超伝導が電荷密度波と同様に電子-格子相互作用に起源をもつことからくる必然的な帰結である.

$$T_{\text{c}} = \frac{1.13\hbar\omega_{\text{D}}}{k_{\text{B}}}\exp\left(\frac{1}{D_{\text{e}}(\varepsilon_{\text{F}})V}\right) \tag{6.14}$$

ここで,ω_{D} はデバイ振動数 ($\hbar\omega_{\text{D}} = k_{\text{B}}\Theta_{\text{D}}$) である.式(1.6)から,デバイ振動数は結晶を構成する原子(分子)の質量の逆数の平方根に比例する.このことから,BCS理論に従う超伝導体の転移点は以下の式で示される同位体効果をもつ.

$$T_{\text{c}} \propto M^{-1/2} \tag{6.15}$$

転移点の同位体効果を調べると,超伝導の起源が明らかになる.

7
局在スピンの振舞い

7.1 遷移金属d電子の不対電子

　遷移金属配位化合物のような不対d電子の局在磁気モーメントが存在する結晶では，スピンによる磁性が発現する．d電子が周りと相互作用のない自由イオンのなかに存在すると，基底状態では，d電子はフント(Hund)則に従って，5重縮重したd電子準位を占有する．フント則によれば，電子がd電子準位を占めるとき，① パウリの原理の許す範囲で最大スピン量子数Sをもつ．また，② 最大スピンSをとる条件下で最大の軌道量子数Lをもつ．したがって，1～9個のd電子を有する3d遷移金属自由イオンの基底状態では表7.1に示されるようなd電子の配置をとる．また，スピンと軌道の間にはスピン軌道相互作用λLSにより，d準位の半分以下を電子が占有する場合には，λは正となり，基底状態は合成角運動量$J=L-S$をもつ．一方，半分以上を占有する場合には，λは負となり，基底状態では$J=L+S$となる．このようにして，基底状態は多重項$^{2S+1}L_J$ ($L=S, P, D, F \cdots$ for $L=1, 2, 3, 4, \cdots$) で表される．

　表7.1に示されるd電子状態を有する遷移金属自由イオンは，不対d電子のスピンにより次式で与えられる磁気モーメントをもつ．

$$\mu = -\mu_B(L+2S) \tag{7.1}$$

ここで，μ_Bはボーア磁子である．つぎに式(7.1)の磁気モーメントを$\boldsymbol{J}$を用いて表現してみよう．$\boldsymbol{J}$方向のS成分を$S_{//}$とすると$S_{//}=\alpha \boldsymbol{J}$として，以下の式が成立する．

$$S_{//}\boldsymbol{J} = S\boldsymbol{J} = \alpha \boldsymbol{J}\boldsymbol{J} = \alpha J(J+1)$$

表 7.1 遷移金属自由イオンの基底状態における d 電子の配置

		Ti^{3+}	V^{3+}	Cr^{3+}	Mn^{3+}	Fe^{3+} Mn^{2+}	Co^{3+} Fe^{2+}	Co^{2+}	Ni^{2+}	Cu^{2+}
軌道角運動量	$m=2$	↑	↑	↑	↑	↑	↑↓	↑↓	↑↓	↑↓
	1	—	↑	↑	↑	↑	↑	↑↓	↑↓	↑↓
	0	—	—	↑	↑	↑	↑	↑	↑↓	↑↓
	−1	—	—	—	↑	↑	↑	↑	↑	↑↓
	−2	—	—	—	—	↑	↑	↑	↑	↑
d 電子数		1	2	3	4	5	6	7	8	9
基底状態		$^2D_{3/2}$	$^3F_2$	$^4F_{3/2}$	$^5D_0$	$^6S_{5/2}$	$^5D_4$	$^4F_{9/2}$	$^3F_4$	$^2D_{5/2}$

これを用いれば,

$$2\boldsymbol{SJ}=\boldsymbol{J}^2+\boldsymbol{S}^2-(\boldsymbol{J}-\boldsymbol{S})^2=\boldsymbol{J}^2+\boldsymbol{S}^2-\boldsymbol{L}^2=J(J+1)+S(S+1)-L(L+1)$$

上の 2 式を用いれば

$$\alpha=\frac{J(J+1)+S(S+1)-L(L+1)}{2J(J+1)}$$

この α をもちいて,磁気モーメントは以下の式で表される.

$$\mu=\mu_B(L+2S)=-g_J\mu_B J \tag{7.2}$$

g_J をランデ (Lande) の g 因子という.

$$g_J=1+\frac{J(J+1)+S(S+1)-L(L+1)}{2J(J+1)} \tag{7.3}$$

g 因子は軌道角運動量がないとき ($L=0$) は $g_J=2$ であり,軌道角運動量がある場合は 2 からずれる.

7.2 スピンの常磁性磁化率

遷移金属イオンの d 電子は式 (7.2) で与えられる合成角運動量に比例した磁気モーメントをもつ.磁場をかけると磁気モーメントはゼーマン効果を起こし,磁場の方向に揃おうとする.この結果は結晶中での磁化の発生となって現れる.この仕組みをみていこう.

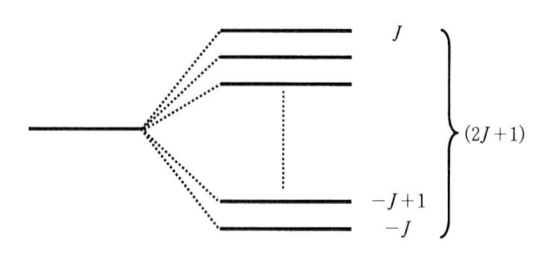

図7.1 ゼーマン効果によるエネルギー分裂

合成角運動量 J をもった電子は磁場中で図7.1に示すようにゼーマン効果によるエネルギー分裂を起こし，そのエネルギーは磁場方向を z 軸として以下の式で表される．

$$\varepsilon_{Jz} = g\mu_B J_z H \tag{7.4}$$

ここで，J_z は J の z 成分であり，$-J, -J+1, \cdots, J-1, J$ の値をとる（g_J を略して g と記している）．このようにして磁場中で分裂した各エネルギー準位にはボルツマン(Boltzmann)因子に比例した分布で電子が熱分布する．したがって分配関数を式(7.5)で与たえると，1つの自由イオン中の磁気モーメントの期待値は式(7.6)で与えられる．

$$Z = \sum_{J_z=J}^{J} \exp\left(-\frac{g\mu_B J_z H}{k_B T}\right) \tag{7.5}$$

$$\langle \mu \rangle = k_B T \frac{\partial}{\partial H} \ln Z \tag{7.6}$$

分配関数式(7.5)を計算すると以下の式になる．

$$Z = \exp\left(\frac{g\mu_B(-J)H}{k_B T}\right) + \exp\left(\frac{g\mu_B(-J+1)H}{k_B T}\right) + \cdots + \exp\left(-\frac{g\mu_B(J)H}{k_B T}\right)$$

$$= \frac{\sinh\left(\frac{g\mu_B(J+1/2)H}{k_B T}\right)}{\sinh\left(\frac{g\mu_B H}{2k_B T}\right)}$$

これを用いて，1 mol のイオンを含む結晶での磁化は式(7.7)で表される．

$$M = N_A \langle \mu \rangle = N_A g \mu_B J B_J\left(\frac{J g \mu_B H}{k_B T}\right) \tag{7.7}$$

7.2 スピンの常磁性磁化率

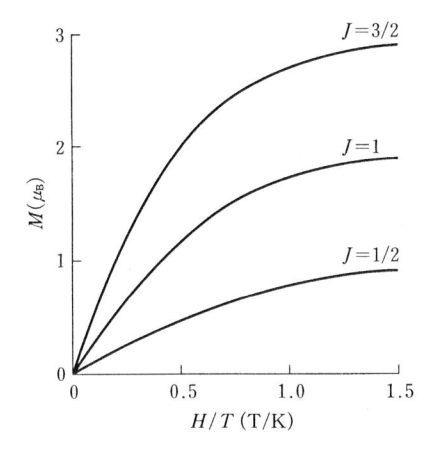

図 7.2 異なる J の値をもつ自由イオンの磁化過程(1 イオン当たり)
ここでは $g=2$ としている.

ここで,B_J はブリルアン関数といわれ,次式で与えられる.

$$B_J(x) = \frac{2J+1}{2J}\coth\left(\frac{2J+1}{2J}x\right) - \frac{1}{2J}\coth\left(\frac{1}{2J}x\right) \tag{7.8}$$

ブリルアン関数を用いて種々の合成角運動量の場合の磁化の磁場依存性を示すと図 7.2 のようになる.磁化は磁場の増加に従って増加し,高磁場で飽和傾向を示す.飽和値は J から期待される値 $Jg\mu_B H$(1 イオン当たり)となる.また,J の値が大きくなると磁化の高磁場での飽和傾向は強くなる.

磁化率は $\chi = \partial M/\partial H$ によって得られる.一般に,磁化率の測定は磁化の飽和が起こらない低磁場領域で行う.磁場の小さい領域でブリルアン関数を展開すると以下の式になる.

$$B_J(x) = \frac{J+1}{3J}x - \frac{1}{45}\frac{(J+1)[(J+1)^2+J^2]}{2J^3}x^3 + \cdots \tag{7.9}$$

ここから,低磁場での磁化は

$$M = N_A g\mu_B J \frac{J+1}{3J}\frac{Jg\mu_B H}{k_B T} = N_A (g\mu_B)^2 \frac{J(J+1)}{3k_B T}H$$

したがって,磁化率は以下の式で与えられる.

表7.2 種々の3d遷移金属イオン

イオン	電子状態	$g\sqrt{J(J+1)}$	$\sqrt{4S(S+1)}$	n_{eff}の実測値
Sc^{2+}, Ti^{3+}	$3d^1$	1.55	1.73	1.7
Ti^{2+}, V^{3+}	$3d^2$	1.63	2.83	2.8
V^{2+}, Cr^{3+}	$3d^3$	0.77	3.87	3.8
Cr^{2+}, Mn^{3+}	$3d^4$	0.00	4.90	4.8
Mn^{2+}, Fe^{3+}	$3d^5$	5.92	5.92	5.9
Fe^{2+}	$3d^6$	6.70	4.90	5.5〜5.2
Co^{2+}	$3d^7$	6.54	3.87	4.8
Ni^{2+}	$3d^8$	5.59	2.83	3.2
Cu^{2+}	$3d^9$	3.55	1.73	2.0〜1.8

$$\chi = \frac{N_A(g\mu_B)^2 J(J+1)}{3k_B T} = \frac{C}{T} \tag{7.10}$$

$$C = \frac{N_A \mu_B^2 [g^2 J(J+1)]}{3k_B T} \tag{7.11}$$

式 (7.10) はキュリー (Curie) の法則とよばれ，定数 C をキュリー定数という．ここで，有効ボーア磁子数

$$n_{\text{eff}} = g\sqrt{J(J+1)} \tag{7.12}$$

はイオンの磁気モーメントを与える物理量であり，種々の3d遷移金属イオンについて表7.2に値を示す．表7.2から明らかなように，3d遷移金属イオンの有効ボーア磁子数は合成角運動量を用いた場合には実験結果とあまりよい一致を示さないが，合成軌道角運動量の代わりにスピン S を用いた場合には実験結果をよく説明する．これは"軌道角運動量の消失"という現象で，分子，あるいは結晶中では磁性イオンの軌道角運動量が配位子との相互作用により消滅することを反映している．したがって，これからの議論には J の代わりに S を用いることが多い．

自由イオンのd電子軌道は5重に縮重しており，2つの e_g，3つの t_{2g} 軌道は図7.3(a)に示す波動関数の空間的な広がりをもっている．e_g 軌道，t_{2g} 軌道はそれぞれ dγ 軌道，dε 軌道ともいう．配位化合物結晶中においては，3d磁性イオンは中心金属イオンとその周りを取り囲む配位子からなり，立方対称結晶場の場合は図7.3(b)のように表される．正電荷をもつ中心金属イオンが負

7.2 スピンの常磁性磁化率

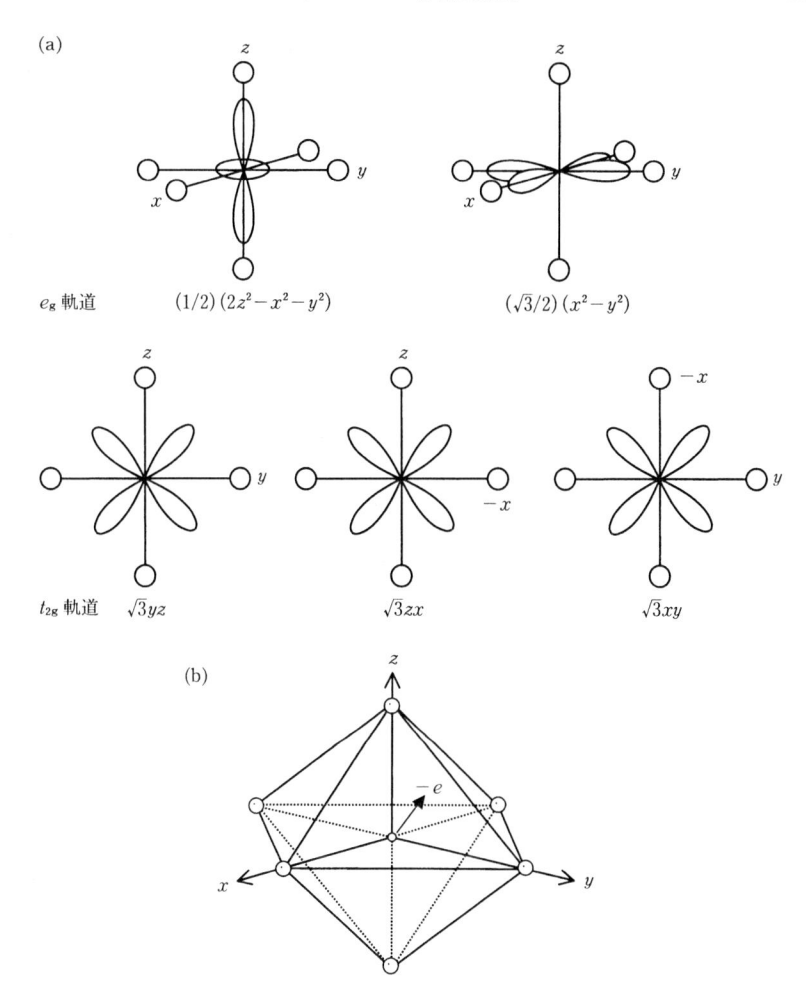

(a)

e_g 軌道　　$(1/2)(2z^2-x^2-y^2)$　　　　$(\sqrt{3}/2)(x^2-y^2)$

t_{2g} 軌道　$\sqrt{3}yz$　　　$\sqrt{3}zx$　　　$\sqrt{3}xy$

(b)

図 7.3 (a) 5つの 3d 軌道, (b) 配位子の立方対称結晶場におかれた電子

電荷をもつ配位子イオンに立方対称に囲まれると，中心イオンと周りの負イオンとを結ぶ線に沿って電荷密度が最大である e_g 軌道は静電反発力によりエネルギーは上昇し，負イオンを避ける方向に伸びた t_{2g} 軌道ではこのようなことが起こらない．したがって，図 7.4 (a) に示すように，d 電子の軌道は 2 つの e_g 軌道と 3 つの t_{2g} 軌道に分裂する．立方対称結晶場でのエネルギー分裂は 10

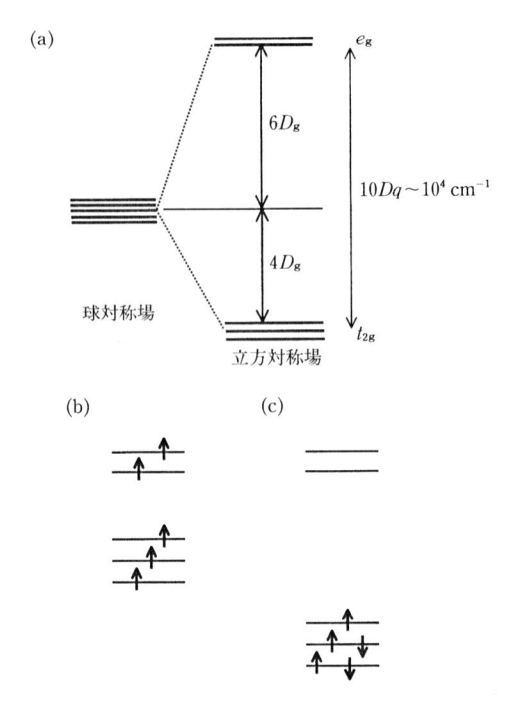

図 7.4 (a) 立方対称結晶場での 3 d 軌道の分裂, (b) d^5 電子系の高スピン状態, (c) d^5 電子系の低スピン状態

Dq で表し, その大きさはおよそ $10^4 cm^{-1}$ 程度である. このような結晶場のなかにある場合には, 磁性 d 電子イオンの磁性も影響を受ける. 図 7.4 (b) に示すように, フント・エネルギーに比べて結晶場の大きさが小さいときには, 電子はフント則に従って, e_g 軌道, t_{2g} 軌道ともに平向にスピンを揃えて入る. 一方, 図 7.4 (c) に示すような大きな結晶場分裂のときには, 下の t_{2g} 軌道に優先的に入る. 前者の場合には大きなスピン角運動量をもち, 高スピン状態という. また, 後者の場合はスピン角運動量は小さくなり低スピン状態となる. このような高スピン, 低スピン状態は結晶場の大きさの変化に対応して温度や圧力によっても変わり, 錯体によっては, 低スピン-高スピンの転移現象がみられるものもある.

7.3 磁気的相互作用と磁気異方性

一般に磁気モーメント間には磁気的相互作用が存在する．磁気的相互作用には，双極子-双極子相互作用と交換相互作用がある．双極子-双極子相互作用は式 (7.13) によって表される．

$$\frac{1}{r^3}\left[\boldsymbol{\mu}_i\cdot\boldsymbol{\mu}_j-\frac{3(\boldsymbol{\mu}_i\cdot\boldsymbol{r})(\boldsymbol{\mu}_j\cdot\boldsymbol{r})}{r^2}\right] \tag{7.13}$$

ここで，r は $\boldsymbol{\mu}_i$ から測った $\boldsymbol{\mu}_j$ の位置ベクトルである．双極子-双極子相互作用は距離 r の $1/r^3$ に依存する長距離的相互作用であり，また，その大きさは熱エネルギーに換算してたかだか $0.1\,\text{K}$ 程度ときわめて小さく，磁気的相互作用のなかでは脇役である．

一方，交換相互作用は電子状態によって大きく変化し，$1000\,\text{K}$ 程度のものも存在する．交換相互作用は電子状態に依存し，多様なものがある．磁性 d 軌道の波動関数どうしが互いに相互作用することを直接交換相互作用といい，また，磁性イオンの間に配位子や，他の原子，分子が介在して相互作用を伝えるものもある．このようなものを超交換相互作用という．交換相互作用の起源は電子交換によるものであり，サイト i, j 間に働く交換相互作用は

$$-2J_{ij}\boldsymbol{S}_i\boldsymbol{S}_j \tag{7.14}$$

で表される．ここで，交換相互作用パラメータは以下で示される．

$$J_{ij}=\iint dr_1 dr_2 \psi_i{}^*(r_1)\psi_j{}^*(r_2)\frac{e^2}{r}\psi_j(r_1)\psi_i(r_2) \tag{7.15}$$

波動関数が直交した場合には J_{ij} は正の値となるが，直交しない場合には正負どちらの値もとりうる．J_{ij} のことをポテンシャル交換相互作用 (potential exchange interaction) という．2つの磁性イオン間の電子移動によっても交換相互作用が生じる．これはトランスファー積分 t とサイト内電子間クーロン相互作用 U を用いて以下の式で与えられる．

$$K_{ij}=\frac{2|t|^2}{U} \tag{7.16}$$

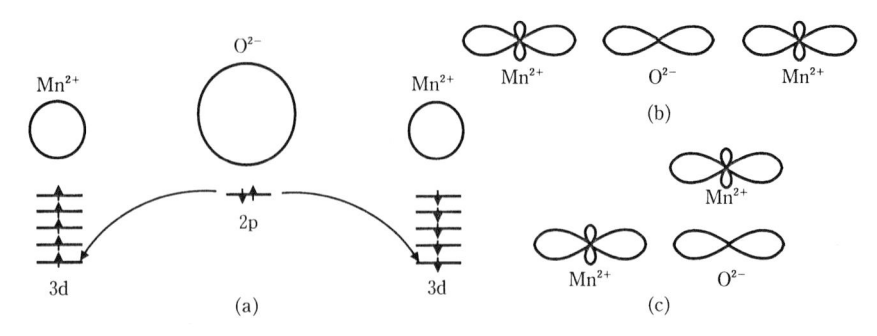

図 7.5 MnO における超交換相互作用

(a) 2つの Mn 原子とそれによってはさまれた O 原子. Mn 原子は $3d^5$ 状態をとり, O 原子は 2p 状態がすべて電子で占有されている. (b) Mn-O-Mn が直線状に並んだ場合, (c) Mn-O-Mn が直交して並んだ場合.

K_{ij} のことを運動学的交換相互作用 (kinetic exchange interaction) という. したがって, 2つの交換相互作用の和として, 交換相互作用は $J=J_{ij}-K_{ij}$ となる. K_{ij} はつねに正であり, 結果として J は正にも負にもなる. 式 (7.14) から, J が正の場合はスピンは平行に揃い強磁性相互作用, また, 負の場合は反平行で反強磁性相互作用を表す.

 超交換相互作用の1つの例を MnO について図 7.5 に示す. 高スピン状態の $Mn^{2+}d^5$ の $3d_{z^2}$ 軌道が酸素 O^{2-} の $2p_z$ と結合するとき, O から Mn への電子移動は O から移動する電子のスピンが Mn のスピンと反平向のときにのみ許される. このとき酸素の $2p_z$ 軌道に残された電子のスピンは, この Mn スピンと平行であり, さらに, 反対側の Mn の軌道と O の軌道とのオーバーラップにより, 反対側の Mn スピンとは反平行となる. この結果, 2つの Mn のスピンは反平行となり, 反強磁性相互作用となる. 図 7.5 (b) の場合には波動関数の重なりが大きいため相互作用は大きく, また, (c) のときには重なりが小さく, 相互作用は小さい. 超交換相互作用は波動関数のオーバーラップの仕方により, 強磁性的にも反強磁性的にもなる. 一般に配位化合物結晶においては超交換相互作用が磁気相互作用の主役を担っている. これらの交換相互作用は波動関数の性格を反映して短距離的相互作用の性格を有している.

 さらに, 金属等の伝導電子を有する結晶の場合には, 伝導電子を介した長距

7.3 磁気的相互作用と磁気異方性

離的相互作用もあり，RKKY 相互作用 (Ruderman-Kittel-Kasuya-Yoshida interaction) という．これについては，7.5 節において詳しく議論しよう．

交換相互作用には構成イオンの電子状態を反映して，交換相互作用パラメータ J が正のもの負のもの，また，等方的なものと異方的なものが存在し，2 つのサイト i, j 間の相互作用は一般的に以下の式で表される．

$$H = -2(J_x S_{ix} S_{jx} + J_y S_{iy} S_{jy} + J_z S_{iz} S_{jz}) \tag{7.17}$$

J が正の場合には式 (7.14) から明らかなように，スピンは平行で強磁性相互作用となる．また，負のときは反平行で反強磁性相互作用となる．また，異方性に関しては，$J_x = J_y = J_z$ の場合は等方的なものとなり，これをハイゼンベルグ (Heisenberg) 型といい，以下の式に書き換えられる．

$$H = -2J \boldsymbol{S}_i \boldsymbol{S}_j \tag{7.18}$$

$J_x = J_y = 0$ のとき (式 (7.19))，$J_x = J_y = J$，$J_z = 0$ のとき (式 (7.20)) は異方的相互作用となり，それぞれイジング (Ising) 型，XY 型という．

$$H = -2J_z S_{iz} S_{jz} \tag{7.19}$$

$$H = -2J(S_{ix} S_{jx} + S_{iy} S_{jy}) \tag{7.20}$$

これらの異なる異方性をもつ相互作用のスピン系の磁気的性質は互いに大きく異なり，異なる磁気相転移の挙動をとる．また，異方性をもつ相互作用で式 (7.14) では表されないものとして，反対称交換相互作用 (式 (7.21)) がある．

$$H_{DM} = D[\boldsymbol{S}_i \times \boldsymbol{S}_j] \tag{7.21}$$

この相互作用をジャロシンスキー‐守屋 (Dzialoshinsky-Moriya) 相互作用とよび，異方性のある電子状態をもつ電子系で見出される．古典的なベクトルとしてスピンを表現すれば式 (7.21) は $DS_i S_j \sin \theta$ となる．ここで，θ は 2 つのスピン間の角度である．この反対称相互作用と式 (7.18) の等方的相互作用の両者が競合するときには，式 (7.18) が $-JS_i S_j \cos \theta$ と書けることに注目すると，図 7.6 に示すように，2 つのスピン間の角度が $0°, 180°$ からずれ，スピンが傾く．このようなスピンが傾くことをスピンキャンティング (spin canting) という．

また，上述からも明らかなように，磁気的相互作用とともに，磁気的性質を

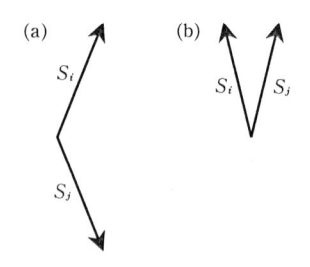

図 7.6 交換相互作用と反対称交換相互作用の競合でできるスピン状態
(a) 交換相互作用が反強磁性的の場合,
(b) 交換相互作用が強磁性的の場合.

記述するうえで重要なものは磁気異方性である.上記の異方的な交換相互作用以外に磁気的な異方性を示すものとして,式 (7.13) に示す双極子-双極子相互作用とスピン-軌道相互作用があげられる.前者からくる異方性はすでに述べたように非常に小さくたかだか 0.1 K 程度である.また,スピン-軌道相互作用からくる異方性の場合には,大きさは電子状態に応じて変化し多様である.

一般的な 1 つの磁性イオンのスピンハミルトニアンを以下に示す.

$$H = \mu_B \boldsymbol{S g H} + D S_z^2 + E(S_x^2 - S_y^2) \tag{7.22}$$

$\boldsymbol{g}$ は g テンソルとよばれ,スピンと磁場の x, y, z 3 成分からなる.g テンソルの成分の大きさが,スピンの方向を決める.また,D, E は零磁場分裂パラメータとよばれ,D は z 軸方向の異方性を示し,$D>0$ ならスピン方向は z 軸に垂直な面のなかにあり,$D<0$ ならスピンは z 軸方向を向く.また,同様に,E は面内の異方性を表す.$\boldsymbol{g}, D, E$ 等の異方性は 1 つのイオンを起源とするため,単一イオンの異方性 (single ion anisotropy) とよぶ.

7.4 磁気相転移

磁気的な相互作用があると,スピン間の協同現象が起こる.この結果,温度を下げていくと図 7.7 に示すような強磁性や反強磁性状態等の秩序相に転移をする.このようなスピンの秩序相にはこれらのほか,スピンの大きさの違うも

7.4 磁気相転移

常磁性状態

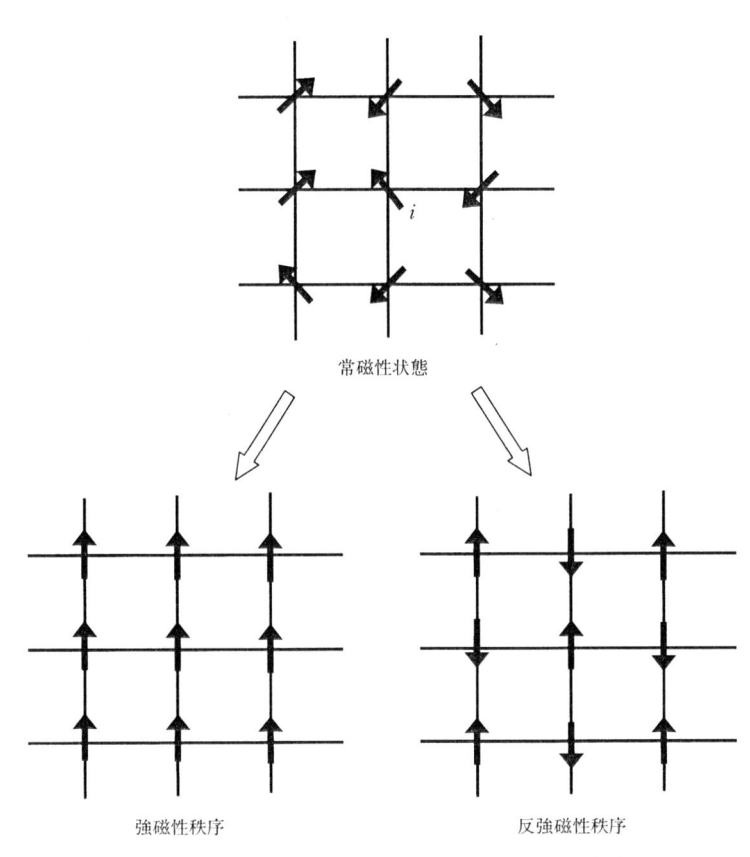

図7.7 常磁性状態から強磁性, 反強磁性秩序状態への転移

のどうしが秩序をつくるフェリ磁性やスピンの向きが互いの傾いた弱強磁性も存在する.

最初に強磁性の場合を考えよう. 図7.7に示すような正方格子の各格子点にスピンが存在し, 互いに強磁性交換相互作用で結ばれている場合を考えよう. サイト i のスピンは最隣接サイトの4個のスピンと相互作用する(隣接サイト数 $z=4$). 外部磁場が z 方向に掛けられているとすると, 系の状態は以下の式で表される.

$$H = -2J\sum_i \boldsymbol{S}_{iz}\boldsymbol{S}_{jz} \tag{7.23}$$

一般に，式 (7.23) は解くことがむずかしい．このため，隣接スピンの値をすべて平均値 $\langle S_z \rangle$ で置き換え，以下のように近似する．

$$H = -2zJS_{iz}\langle S_z \rangle \tag{7.24}$$

このような近似のことを平均場近似あるいは分子場近似という．この式をゼーマン効果と同様に，スピン $\boldsymbol{S}_i$ に磁場が掛かった効果と解釈すると，外部磁場以外に

$$H_\mathrm{E} = -\frac{2zJ}{g\mu_\mathrm{B}}\langle S_z \rangle = AM \tag{7.25}$$

が磁場としてスピン S_i に働いていることを示唆している．ここで A および磁化 M は以下の式で与えられ，交換相互作用による内部磁場 H_E を分子場という．

$$A = \frac{2zJ}{N_\mathrm{A}(g\mu_\mathrm{B})^2} \tag{7.26}$$

$$M = N_\mathrm{A} g\mu_\mathrm{B} \langle S_z \rangle \tag{7.27}$$

このようにして，スピン $\boldsymbol{S}_i$ に働く有効磁場は式 (7.28) のようになり，

$$H_\mathrm{eff} = H + AM \tag{7.28}$$

磁化は式 (7.7) を用いて

$$M = N_\mathrm{A} g\mu_\mathrm{B} S B_S\left(\frac{g\mu_\mathrm{B} H_\mathrm{eff} S}{k_\mathrm{B} T}\right) \tag{7.29}$$

磁場が小さいとして，式 (7.9)〜(7.11) と同様に扱うと，

$$M = \frac{CH_\mathrm{eff}}{T} = \frac{C}{T}(H + AM) \tag{7.30}$$

上式を M について解くと

$$M = \frac{CH}{T - T_\mathrm{C}} \tag{7.31}$$

となる．ここで，T_C は以下の式で表される．

$$T_\mathrm{C} = \frac{2zJS(S+1)}{3k_\mathrm{B}} \tag{7.32}$$

$T > T_\mathrm{C}$ の温度領域では，磁化率は式 (7.31) を用いて

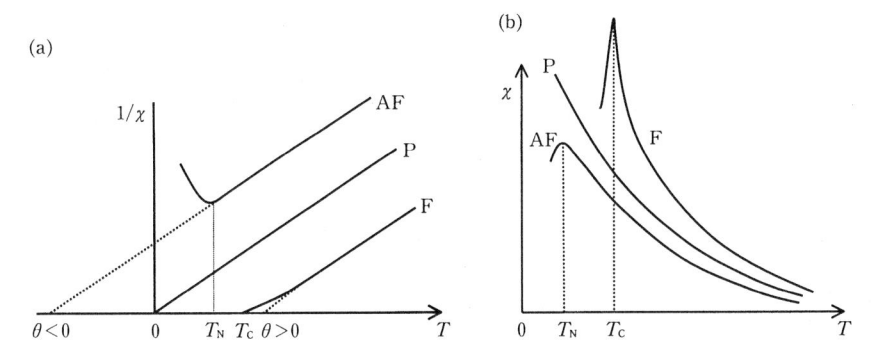

図7.8 強磁性相互作用 ($J>0$)(F)，反強磁性相互作用 ($J<0$)(AF) の働くスピン系および相互作用のない常磁性スピン系 (P) の逆磁化率 (a) と磁化率 (b) の温度変化

$$\chi = \frac{C}{T - T_\mathrm{c}} \tag{7.33}$$

となる．この式をキュリー–ワイス (Curie-Weiss) の式という．T_c は強磁性の場合には正の値をとる．磁化率の逆数 $1/\chi$ をとって，温度の関数として表すと図7.8のように直線となる．$1/\chi$ がゼロを切る点が T_c であり，ここで磁化率は発散する．T_c ではこのため外部磁場がなくても磁化は有限の値をもち，これが強磁性の自発的な発生を意味する．したがって，T_c が分子場近似での強磁性秩序相への転移点を表す．しかしながら，一般に転移点はこの値よりも小さくなる．これは分子場近似では各スピンがすべて熱平均値をもつとして，揺らぎの効果を無視してしまったからである．そのため，分子場近似で求めた転移点をワイス温度 θ といい，実際の強磁性転移点はこれより低温側に存在し，強磁性転移点のことをキュリー点 T_c という．

反強磁性の場合も，強磁性と同様な取り扱いができるが，ここでは，図7.9に示すように，秩序状態では↑スピンと↓スピンをもつサイトに分かれるため，少しややこしくなる．格子点を↑スピンによる部分格子と↓スピンの部分格子に分けて考えよう．↑スピンと↓スピン部分格子の分子場は次式で表される．

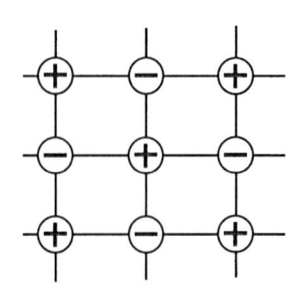

図 7.9 反強磁性体の部分格子
＋，－の 2 つの部分格子からなる場合．反強磁性秩序状態では，それぞれの部分格子のスピンは上向き，下向きに配列する．

$$H_E^{\pm} = \frac{2zJ}{g\mu_B}\langle S_z\rangle = -AM^{\mp} \tag{7.34}$$

$$A = \frac{2zJ}{(N_A/2)(g\mu_B)^2} \tag{7.35}$$

＋，－は↑スピンと↓スピン部分格子を表し，各部分格子の格子点数が全体の半分となることから A 中では $N_A/2$ としている．各部分格子の磁化についてキュリーの式(式(7.30)と類似な式)をたてると次式が得られる．

$$M^{\pm} = \frac{C}{2T}(H - AM^{\mp}) \tag{7.36}$$

常磁性状態では部分格子の区別がないから

$$M^+ = M^- = \frac{CH}{2(T + AC/2)} \tag{7.37}$$

となり，$AC/2 = \theta$ とおけばキュリー-ワイス則が得られる．

$$\chi = \frac{C}{T+\theta} \tag{7.38}$$

したがって反強磁性の場合はワイス温度は負になる．反強磁性に転移する温度(ネール(Néel)点という)は式(7.36)で $H=0$ のとき M^+, M^- が 0 でない解をもつ条件から

$$1 - (AC/2T)^2 = 0$$

となり，ここから

$$T_\text{N} = \frac{2z|J|S(S+1)}{3k_\text{B}} \tag{7.39}$$

となる．強磁性体のところでも述べたが，実際のネール点はスピンのゆらぎのため分子場近似での値より低温側にずれる．

7.5 磁気秩序状態

つぎに秩序状態での挙動をみていこう．強磁性状態では平行に揃ったスピンは小さな磁区(domain)をつくり，各磁区のなかではスピンの方向はランダムに向いている．したがって，全体としては $H=0$ では磁化は発生しない．磁場をかけていくと，図7.10に示すように磁化が発生し，すぐに飽和する．このときすべての磁区のスピンは磁場方向に揃っている．磁場を減少していくと $H=0$ で磁化は0にならず，有限の値をとる．これを残留磁化という．さらに磁場を反対方向にかけていくと，有限磁場のとき磁化が0になる．このときの磁場を保持力という．同様なことが負方向で飽和に達したあとで磁場を増加する場合にも起こる．このようにして，磁化過程に履歴が残る．これをヒステリシスという．

反強磁性体の場合には，強磁性体とは異なる挙動を示す．図7.11に示すように磁化率は T_N 以下では磁場方向に依存し，スピンが揃った方向(これをス

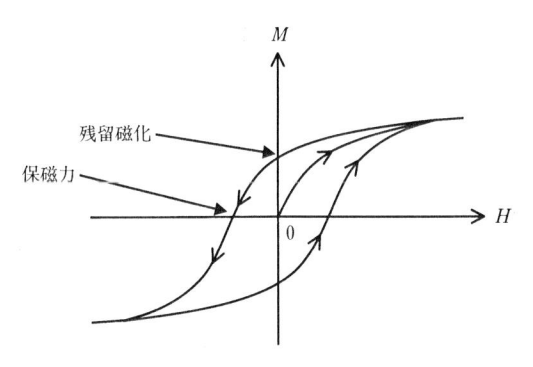

図7.10 強磁性体の磁化過程

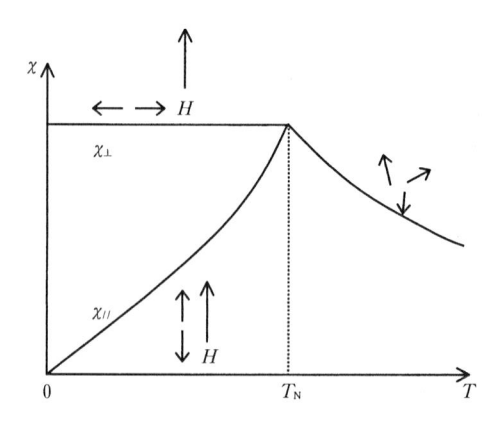

図 7.11 反強磁性体での磁化率の異方性とスピンの方向

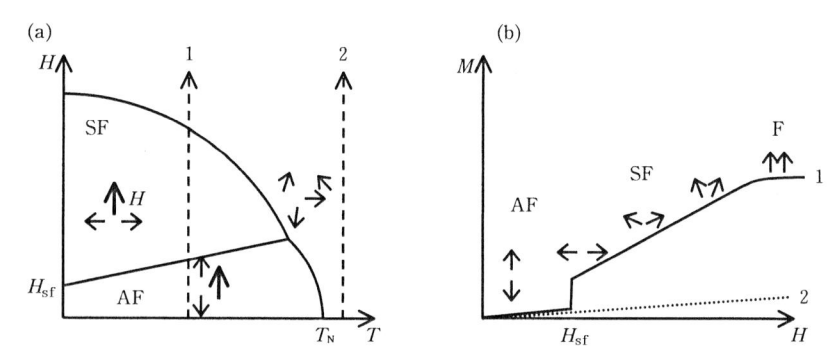

図 7.12 反強磁性体の (a) 磁場をスピン容易軸方向にかけたときの磁場-温度相図. 太矢印は外部磁場. (b) 磁化過程. AF, SF, F はそれぞれ反強磁性相, スピン-フロップ相, 強磁性相を示す. (b) 図の 1, 2 は図 (a) の矢印方向 1, 2 の磁場を上昇する過程.

ピン容易軸という）に磁場を掛けると転移点以下で温度低下とともに次第に減少し，$T=0$ で 0 になる．容易軸の垂直方向（これを困難軸という）に磁場を掛けると温度に依存しない一定の値をとる．反強磁性体の磁場-温度相図を書くと図 7.12 (a) のようになる．スピン容易軸の方向に磁場を印加しながら，反強磁性相で磁場を上げていくとある磁場の値を境にスピン-フロップ相になる．この転移磁場でスピン方向は磁場に垂直になり，さらに磁場を加えていくと互いのスピンの間の角度が減少してゆき，スピン-フロップ相を超えるとス

7.5 磁気秩序状態

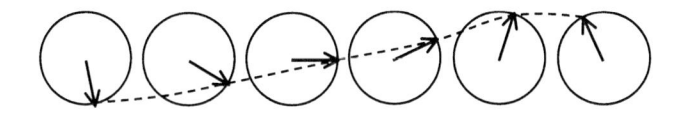

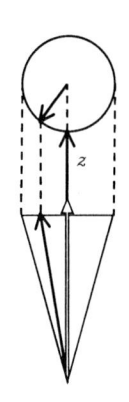

図 7.13 強磁性体のスピン波励起

ピンはすべて磁場方向に揃う．この磁化過程を図で示すと図 7.12 (b) の磁化過程 1 のようになる．スピン-フロップ転移は磁気異方性エネルギーに打ち勝って，磁場印加により，容易軸方向を向いたスピンの方向が変わるため，交換相互作用，磁気異方性，印加磁場の競合現象である．したがって，分子場，異方性による磁場を用いて，スピン-フロップ転移点は以下の式で与えられる．

$$H_{\mathrm{sf}} = \sqrt{2H_{\mathrm{E}}H_{\mathrm{A}}} \tag{7.40}$$

ここで，異方性磁場は異方性エネルギーを磁場に換算した値である．

　強磁性，反強磁性秩序相でのスピン波励起について触れておく．ハイゼンベルグ・スピン系ではスピンはベクトルとして x, y, z 成分をもつ．このことから，容易軸（z 軸とする）を向いた秩序相でのスピンの x, y 方向の自由度により，図 7.13 のような，z 軸を軸とする歳差運動が励起される．この波はスピン波といわれる横波であり，準粒子としてはマグノンとよばれるボース粒子である．格子定数 a で並んだスピンからなる 1 次元強磁性ハイゼンベルグ・スピ

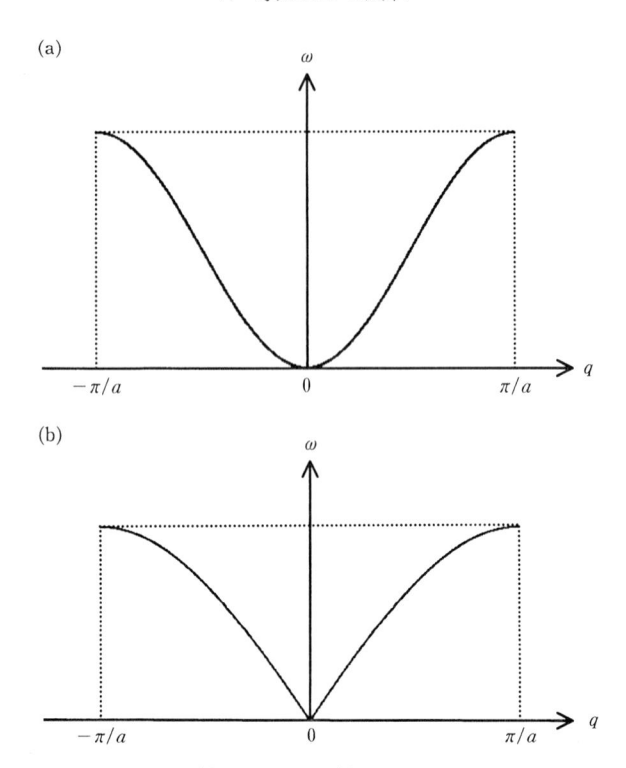

図 7.14 強磁性体 (a), 反強磁性体 (b) のスピン波の励起エネルギー

ン系ではマグノンの励起エネルギーは以下の式で与えられる．

$$\varepsilon_q = 4JS(1-\cos(qa)) \tag{7.41}$$

一方，1次元反強磁性ハイゼンベルグ・スピン系では次式となる．

$$\varepsilon_q = 4|J|S|\sin(qa/2)| \tag{7.42}$$

マグノンの励起エネルギーの分散関係を図 7.14 に示す．長波長領域 ($q\sim0$) では強磁性は q^2 依存性，反強磁性は q 依存性をもち，反強磁性の場合はフォノンと同じ分散関係をもつ (式 (1.6) 参照)．反強磁性のマグノン励起がフォノンと同じであることを考えると，マグノンの状態密度も図 1.5 で与えられる．したがって，フォノンと同じように，1次元系ではエネルギー 0 でも有限の状態密度をもつことから，$T=0$ でもマグノンの励起が発生して，1次元ハイゼン

ベルグ・スピン系は本質的に不安定であり，スピンの揺らぎにより秩序構造は壊れてしまうことがわかる．また，次元性の増加により，揺らぎが抑えられ，秩序構造が安定化する．イジング・スピン系ではスピンの x, y 成分がないため，マグノン励起は起こらず，スピンの励起エネルギーは波数によらない一定値となる．そのため，スピンの励起はアレニウス型の活性化過程となる．

このように，磁性体のスピン秩序には大きな次元性の効果があり，ハイゼンベルグ系，イジング系ともに1次元では相転移は起こさない．2次元系の場合，ハイゼンベルグ系は先ほど示したようにスピンの励起により不安定であり，相転移を起こさず，イジング系は相転移を起こす．3次元系は両系とも相転移を起こして磁気的秩序相を形成する．

7.6 1次元反強磁性体

スピンの揺らぎの効果をみるため，図7.15(a)に1次元ハイゼンベルグ反強磁性体の磁化率を示す．図から明らかなように，高温ではキュリー-ワイス則にのる磁化率の挙動をするが，$2z|J|S^2/k_B$ 程度の温度になるとスピンの揺らぎのため磁化率はキュリー-ワイス則からずれてブロードな山をもち，$T=0$ でも有限の磁化率をもつ．ブロードな山は，この温度付近で磁気的な短距離秩序が発生していることを示している．1次元スピン系に弱い鎖間相互作用が加わると磁化率の様子が変化する．図7.15(b)はこのような擬1次元反強磁性スピン系の磁化率である．磁化率は純1次元系と同じように磁気的短距離秩序の山をもつが，鎖間相互作用の利きだす温度で磁気相転移を起こし，秩序状態となる．このことは磁化率が異方性をもつことから明らかとなる．ここでは，ネール温度 T_N は J と J' の関数となる．

スピン励起の性質は比熱測定によって明らかになる．ハイゼンベルグ反強磁性スピン系ではマグノンがフォノンと同じエネルギー分散 $\omega \propto q$ をもつため，比熱は格子比熱(1.2節参照)と同じ温度依存性をもつ．ハイゼンベルグ強磁性スピン系でのエネルギー分散 $\omega \propto q^2$ も含めて考えると，ハイゼンベルグ・ス

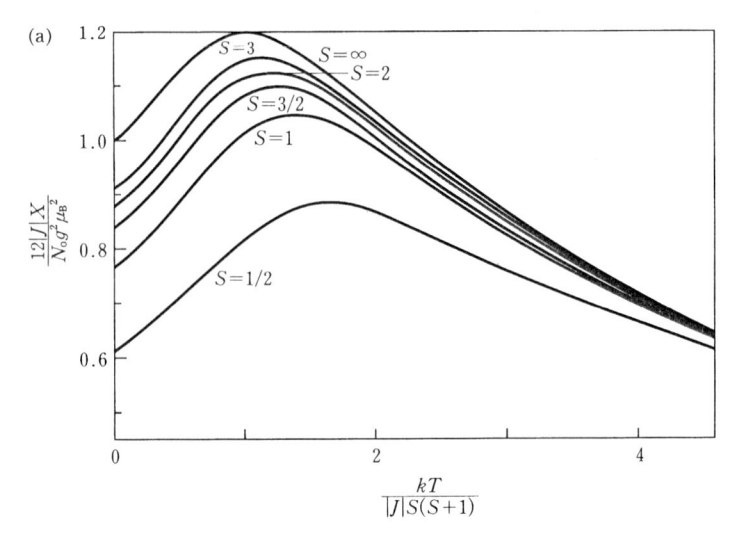

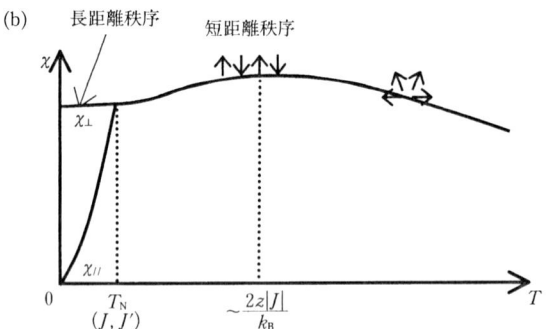

図 7.15 (a) 1次元ハイゼンベルグ反強磁性体の磁化率(鎖間相互作用と鎖内相互作用の比率 $J'/J=0$), (b) 擬1次元ハイゼンベルグ反強磁性体の磁化率($|J'/J|\ll 1$)

スピン系の磁気比熱は以下の式でまとめられる.

$$C \propto T^{d/n} \tag{7.43}$$

ここで, d は次元性 ($=1, 2, 3$), $n=1$, $n=2$ はそれぞれ反強磁性, 強磁性の場合である. イジング系では磁気比熱は活性化型

$$C \propto (1/T^2)\exp(-\varepsilon_g/k_B T) \tag{7.44}$$

となる. ここで, ε_g はスピン励起のエネルギーである.

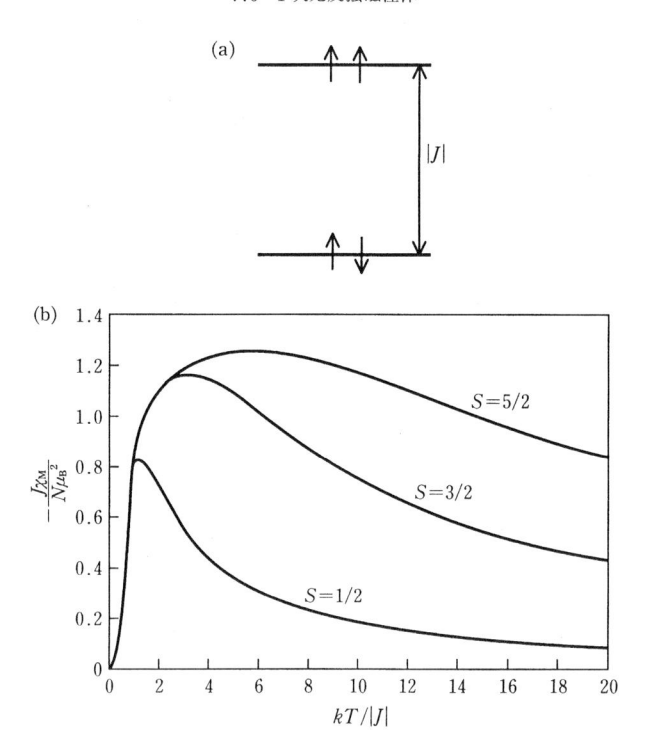

図 7.16 (a) 反強磁性相互作用で結ばれたスピン対の状態 ($S=1/2$). 基底状態, 励起状態はそれぞれ 1 重項, 3 重項状態. (b) 1 重項基底状態の磁化率

1 次元に並んだスピンが 2 個ずつ対を組むことがある. このとき対内の相互作用が大きく, 対間の相互作用が無視できるときには, スピンは 2 量体モデルとして扱うことができる. 相互作用が反強磁性的であるときには, 図 7.16(a) に示すように基底状態は 1 重項, 励起状態は 3 重項となる. スピンは温度が高くなると励起状態に熱励起されるため, 磁化率は式 (7.45) で与えられ, 図 7.16(b) に示すように J/k_B の温度付近でブロードなピークをもち, $T=0$ では, スピンは反平行となって互いにキャンセルするため, 磁化率は 0 になる.

$$\chi = \frac{N_A g^2 \mu_B^2 S(S+1)}{k_B T (3 + \exp(-2J/k_B T))} \tag{7.45}$$

1 次元スピン系と 2 量体スピン系の中間の系として交互型 1 次元系がある. こ

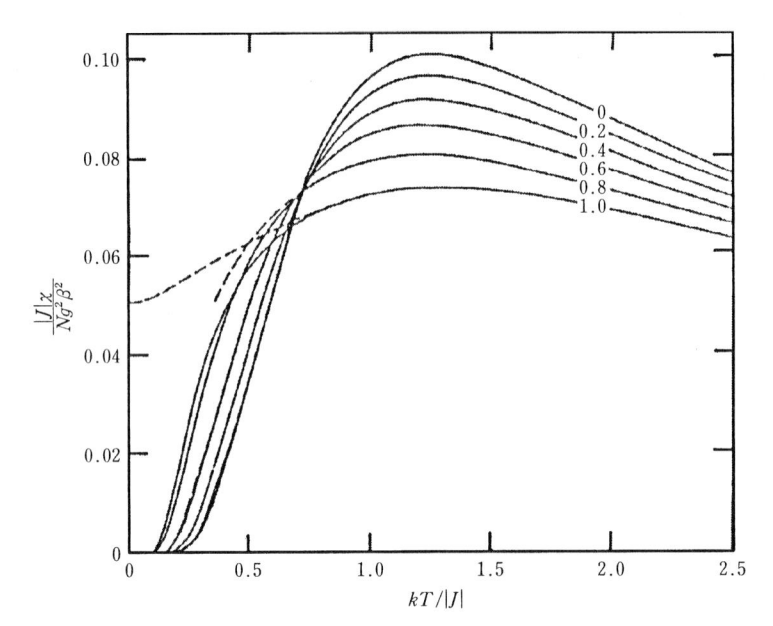

図 7.17 1次元ハイゼンベルグ反強磁性交互スピン系の磁化率
破線は低温側の挙動,図中の数字は α を示す;1次元系 ($\alpha=1$),交互スピン系 ($0<\alpha<1$),スピン対系 ($\alpha=0$).

こでは,交互に強い相互作用と弱い相互作用がある系である.この場合のハミルトニアンは以下の式で与えられる.

$$H=2J\sum_{i=1}^{N_S}(S_{2i}S_{2i-1}+\alpha S_{2i}S_{2i+1}) \tag{7.46}$$

ここで,N_s はスピン数であり,$\alpha=0$ の場合がスピン2量体系であり,$\alpha=1$ が1次元系である.種々の α をもつ場合について磁化率を計算すると図7.17 のようになる.α が大きくなるに従って,低温での磁化率が小さくなり,スピンの揺らぎが抑えられることがみられる.

1次元系の不安定性はスピンと格子の相互作用がある場合には,格子歪をつくることにより,不安定性を解消することがある.この場合にはハミルトニアンに格子の歪の項が入る(式(1.1)参照).

$$H=2J\sum_{i=1}^{N_S}(S_{2i}S_{2i-1}+\alpha S_{2i}S_{2i+1})+\frac{f}{2}[(u_{2i}-u_{2i-1})^2+(u_{2i}-u_{2i+1})^2] \tag{7.47}$$

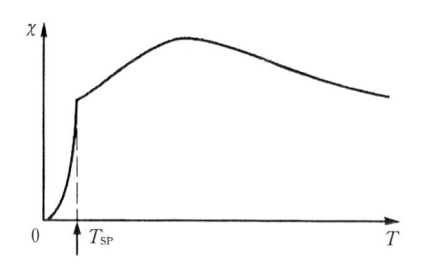

図 7.18 スピン-パイエルス系の磁化率
T_{SP} はスピンパイエルス転移温度を示す.

ここからエネルギーを計算すると,強い相互作用で結ばれたスピンどうしは1重項基底状態となり,有限温度で $\alpha=1$ から $\alpha \neq 0$ となり,低温側で格子の2量化により,系全体のエネルギーが安定化される.このような転移をスピンパイエルス転移といい,磁化率の挙動を図7.18に示す.

7.7 伝導電子と局在スピンの相互作用

伝導電子が存在する金属では伝導電子を介在とした局在スピン間相互作用が生じる.伝導電子(s電子とする)は局在d電子スピンに近づくと,両者間に次式で記述される交換相互作用が発生する.

$$-2J_{sd}\delta(r)s_s S_d$$

ここで,伝導電子のスピンを s_s,局在スピンを S_d とし,$\delta(r)$ はデルタ関数である.また,J_{sd} は交換相互作用パラメータであり,このような相互作用を sd 相互作用という.伝導電子はこのような交換相互作用を通して,2つの局在スピン間の交換相互作用の仲立ちをする.この相互作用は以下の式で与えられる.

$$J_{dd}(R_{ij}) = \frac{3N_A}{16\pi^2} \frac{J_{sd}^2}{\varepsilon_F} I(R_{ij}) S_i S_j$$
$$I(R_{ij}) = -\frac{16\pi k_F^3}{(2k_F R)^4}(2k_F R_{ij}\cos(2k_F R_{ij}) - \sin(2k_F R_{ij}))$$
(7.48)

ここで,R_{ij} は局在スピン間の距離であり,この交換相互作用は図7.19に示

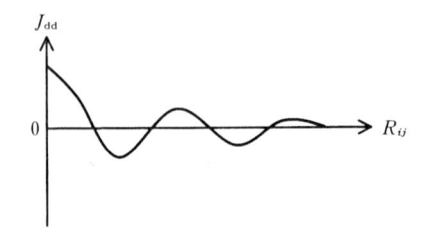

図 7.19 RKKY 相互作用のスピン間距離依存性

すように，周期 π/k_F で振動して $1/R^3$ の長距離の減衰を示す．距離により正にも負にもなり，反強磁性，強磁性的性格が交互に現れながら減衰する．この相互作用を Rudermann-Kittel-Kasuya-Yoshida (RKKY) 相互作用といい，金属における強い磁性の原因ともなっている．遷移金属配位化合物においても金属状態が実現する系ではこの相互作用が重要な役割を果たす可能性がある．

8
電荷移動錯体

8.1 電荷移動相互作用

　導電性を有する錯体の多くは，電荷移動錯体(charge transfer complex)である．ここでは，これらの錯体の基礎となる電荷移動相互作用について議論しよう．一般に，電荷移動錯体は電子供与体(ドナー)と電子受容体(アクセプター)よりなる．ドナーは，最高占有分子軌道(HOMO)に存在する電子を容易に放出して，自らは陽イオンとなり，アクセプターは最低非占有分子軌道(LUMO)に電子を受容し，自らはアニオンとなる．

$$D \rightarrow D^+ + e^- - I_D \tag{8.1}$$

$$A + e^- \rightarrow A^- + E_A \tag{8.2}$$

ここで，D, A はドナーおよびアクセプター分子であり，I_D, E_A は，それぞれドナー，アクセプターのイオン化エネルギー，電子親和力である．したがって，ドナー，アクセプター間の電荷移動により，イオン化状態 D^+A^- になるためには，$I_D - E_A$ だけのエネルギーを外から加えてやる必要がある．しかしながら，電荷移動の結果として起こる電荷状態は，上式で示されるような +1 価，−1 価というような完全な電荷移動状態をとることは少なく，一般に中途半端な価数をとることが多い．このような電荷移動状態をとる錯体 $D^{\delta+}A^{\delta-}$ ($\delta < 1$)のことを電荷移動錯体とよぶ．

　電荷移動錯体の電子状態については，Mulliken の電荷移動理論により考察される．ここで，中性構造，完全電荷移動構造の波動関数を $\phi_0(D \cdot A)$, $\phi_1(D^+ \cdot A^-)$ としてみよう．これを用いて，真の基底状態 ψ_G と励起状態 ψ_E は，

$\phi_0(D \cdot A)$, $\phi_1(D^+, A^-)$ の1次結合として，それぞれ以下の式で表される．

$$\psi_G = a\phi_0 + b\phi_1 \tag{8.3}$$

$$\psi_E = -c\phi_0 + d\phi_1 \tag{8.4}$$

ここで，規格化条件

$$\int \psi_G{}^* \psi_G d\tau = \int \psi_E{}^* \psi_E d\tau = 1 \tag{8.5}$$

を考慮すると，以下の式が得られる．

$$a^2 + b^2 + (a^*b + ab^*)S_{01} = 1 \tag{8.6}$$

$$c^2 + d^2 - (c^*d + cd^*)S_{01} = 1 \tag{8.7}$$

ここで，重なり積分を以下で定義する．

$$S_{01} = \int \phi_0{}^* \phi_1 d\tau \tag{8.8}$$

また，ψ_G と ψ_E の直交条件は式(8.9)で与えられる．

$$\int \psi_G{}^* \psi_E d\tau = -a^*c + b^*d + (a^*d - b^*c)S_{01} = 0 \tag{8.9}$$

系のハミルトニアンを H とすると，ϕ_0, ϕ_1 のエネルギーは

$$\varepsilon_0 = \int \phi_0{}^* H \phi_0 d\tau \tag{8.10}$$

$$\varepsilon_1 = \int \phi_1{}^* H \phi_1 d\tau \tag{8.11}$$

また，相互作用を示す交差項は

$$t_{01} = \int \phi_0{}^* H \phi_1 d\tau = \int \phi_1{}^* H \phi_0 d\tau \tag{8.12}$$

となる．t_{01} は3章で導入したトランスファー積分と同じものである．式(8.8), (8.10)～(8.12)を用いると基底状態，励起状態のエネルギー ε_G, ε_E は以下の固有方程式で表される．

$$\begin{vmatrix} \varepsilon_0 - \varepsilon & t_{01} - S_{01}\varepsilon \\ t_{01} - S_{01}\varepsilon & \varepsilon_1 - \varepsilon \end{vmatrix} = 0 \tag{8.13}$$

式(8.13)を相互作用が小さいという条件 $t_{01} - S_{01}\varepsilon \ll \varepsilon_1 - \varepsilon_0$ のもとで，2次摂動近似によりエネルギーを求めれば，以下のようになる．

8.1 電荷移動相互作用

$$\varepsilon_G \approx \varepsilon_0 - \frac{(t_{01} - S_{01}\varepsilon_0)^2}{\varepsilon_1 - \varepsilon_0} \tag{8.14}$$

$$\varepsilon_E \approx \varepsilon_1 + \frac{(t_{01} - S_{01}\varepsilon_1)^2}{\varepsilon_1 - \varepsilon_0} \tag{8.15}$$

また,波動関数の係数は

$$\frac{b}{a} \approx \frac{t_{01} - S_{01}\varepsilon_0}{\varepsilon_1 - \varepsilon_0} \tag{8.16}$$

$$\frac{c}{d} \approx \frac{t_{01} - S_{01}\varepsilon_1}{\varepsilon_1 - \varepsilon_0} \tag{8.17}$$

となる.

ここで,$t_{01} - S_{01}\varepsilon \ll \varepsilon_1 - \varepsilon_0$ を考慮すると,$b/a \ll 1$ であり,規格化条件を考慮すれば,$a^2 \approx 1, b^2 \ll 1$,すなわち,基底状態 ψ_G は D・A 構造に少し $D^+ \cdot A^-$ 構造が混じったもの $D^{\delta+}A^{\delta-}(0<\delta<1)$ となる.ここでは δ は 1 よりも 0 に近い値である.同様に,励起状態 ψ_E は,$d^2 \approx 1, c^2 \ll 1$ となり,$D^+ \cdot A^-$ 構造に少し D・A 構造が混じったもの $D^{\delta'+}A^{\delta'-}(0<\delta'<1)$ となり,δ' は 1 に近い値である.また,図 8.1 に示すように,基底状態のエネルギーは

$$\Delta = \varepsilon_0 - \varepsilon_G \approx \frac{(t_{01} - S_{01}\varepsilon_0)^2}{\varepsilon_1 - \varepsilon_0} \tag{8.18}$$

だけ,ε_0 より低下し,励起状態のエネルギーは

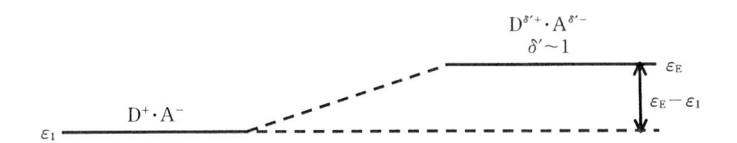

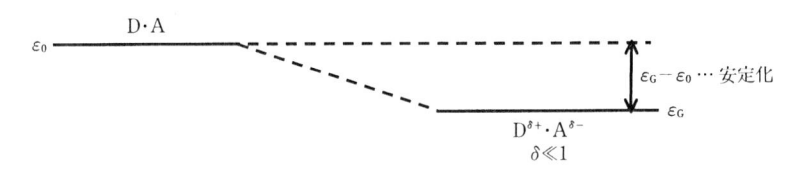

図 8.1 電荷移動による基底状態,励起状態

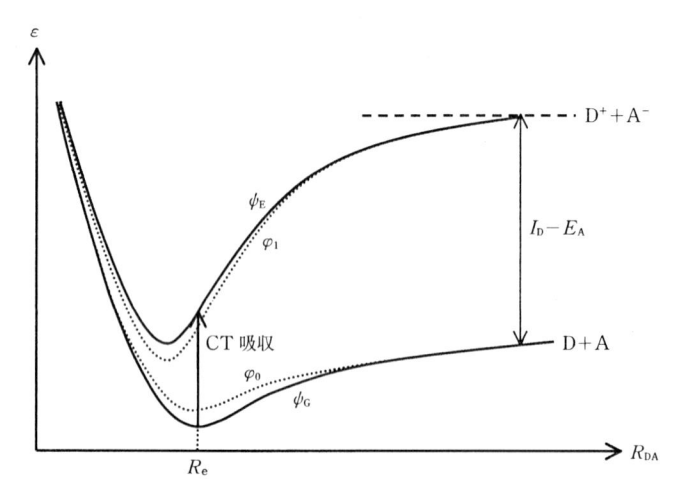

図 8.2 基底状態が中性構造をとる場合の，ドナー，アクセプター間距離に依存した電子構造 CT 吸収は電荷移動吸収を示す．

$$\varDelta' = \varepsilon_E - \varepsilon_1 \approx \frac{(t_{01} - S_{01}\varepsilon_1)^2}{\varepsilon_1 - \varepsilon_0} \tag{8.19}$$

だけ，ε_1 よりエネルギーが上昇する．すなわち，中途半端な電荷移動をすることにより，基底状態はエネルギーの安定化をもたらす．このような電荷移動により生じる結合力 $\varDelta$ を電荷移動エネルギーとよび，これが電荷移動相互作用の起源となっている．

以上の議論を総合すると，電荷移動錯体のエネルギー状態は，横軸をドナーとアクセプターの間の距離 R_{DA} として，図 8.2 に示すようになる．$\varepsilon_1 - \varepsilon_0$ の値はドナー，アクセプターが無限遠に離れた場合 ($R_{DA} \to \infty$) では，式 (8.1)，(8.2) から明らかなように，$I_D - E_A$ となる．R_{DA} が小さくなるに従って，中性基底状態 D・A では分子間力が働き，ファンデルワールス (van der Waals) 距離となるとエネルギーは最小値 (分子間力エネルギー) をとる．イオン的励起状態 $D^+ \cdot A^-$ では，R_{DA} が小さくなるとドナー，アクセプター間の静電エネルギー $e^2/\varepsilon R_{DA}$ によりエネルギーが低下し，格子エネルギーが最小となる平衡距離で安定化する．ここで，ε は誘電率であり，電荷移動量が δ' のときには，正確には静電エネルギーは $-\delta'^2 e^2/\varepsilon R_{DA}$ となる．一般に，分子間力に比べ，

静電エネルギーははるかに大きいので，距離 R_{DA} においては $\varepsilon_1-\varepsilon_0$ は

$$\varepsilon_1-\varepsilon_0 \approx I_D - E_A - \frac{e^2}{\varepsilon R_{DA}} \tag{8.20}$$

となる．式(8.14)，(8.20)を比較すると，ドナーのイオン化エネルギーを小さく，アクセプターの電子親和力を大きくすると，電荷移動エネルギー $\varDelta$ は増加し，電荷移動錯体は安定化する．また，ドナー，アクセプター間の距離を小さくすることによっても，電荷移動エネルギーは大きくなる．したがって，性能のよいドナー，アクセプターを組み合わせることにより，安定な電荷移動錯体をつくることができる．電荷移動錯体は，一般に，深い色を呈する．これは光吸収による基底状態から励起状態への光励起(電荷移動(charge transfer)吸収)によるものであり，このような光吸収帯のことを電荷移動吸収帯といい，そのエネルギーは以下の式で与えられる．

$$h\nu \approx I_D - E_A - \frac{e^2}{\varepsilon R_{DA}} + 2\varDelta \tag{8.21}$$

(ここで，$\varDelta \approx \varDelta'$ とした．)

I_D が大きく低下し，逆に E_A が大きくなると，$\varepsilon_1-\varepsilon_0$ の符号は逆転する．したがって，この場合，イオン構造が基底状態になり，図8.1で，イオン状態と中性状態の上下を逆にした電子状態をとる．ここでは，

$$\varepsilon_1-\varepsilon_0 \approx E_A - I_D + \frac{e^2}{\varepsilon R_{DA}} \tag{8.22}$$

となる．また，$\varepsilon_1-\varepsilon_0=0$ では，中性状態とイオン状態が同じエネルギーをとる．このことは中性状態とイオン状態が接近した錯体，すなわち，$\varepsilon_1-\varepsilon_0 \approx 0$ の状態にある錯体では，温度，圧力等の環境を変えると中性・イオン性相転移を起こすことがあることを示しており，いくつかの錯体でこのような例が見つかっている．

8.2 分子配列と錯体の電子状態

電荷移動錯体を形成するドナー，アクセプターは，一般に，平面分子であ

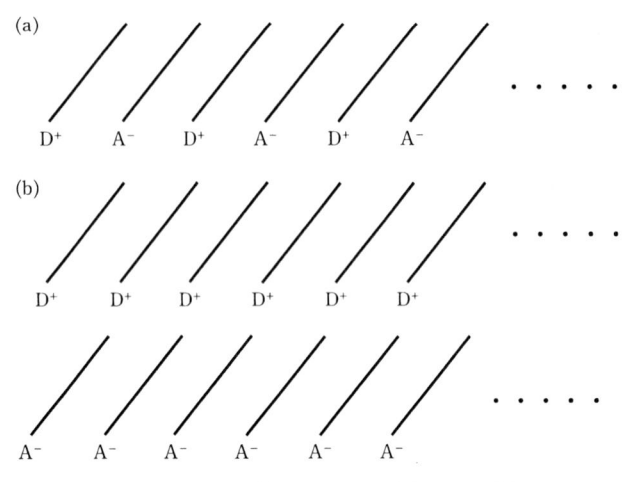

図 8.3 混合積層型 (a), 分離積層型 (b) の分子積層構造

り，分子面を互いに向き合わせることにより，電荷移動相互作用をする．したがって，分子面を合わせて積層するため，1 次元的な積層構造をとる場合が多い．分子面が互いにずれて積層する場合や，分子側面で相互作用できる場合は，次元性が増加し，2 次元的な構造をとる．ドナー，アクセプターの積層構造には図 8.3 に示すように，混合積層型と分離積層型の 2 種類がある．混合積層型はドナー，アクセプターが交互に積層したものであり，$D^+A^-D^+A^-D^+A^-$… となる．この場合には，電荷移動励起には式 (8.21) に対応する有限のエネルギーが必要なため，電子移動はエネルギーギャップを越えて行われ，絶縁体あるいは半導体となる．

分離積層型はドナー，アクセプターがそれぞれ別々の積層をとるものであり，$D^+D^+D^+$…, $A^-A^-A^-$… となる．完全電荷移動構造 ($\delta=1$) をとる分離積層型の電子構造を調べてみよう．ここでは，簡単のため，アクセプターの 2 量体 $A^{\cdot -}A^{\cdot -}$ を取り出して，電子構造を議論してみよう (● は LUMO に収容された電子を表す)．このようなアクセプター 2 量体では，電荷移動により生じる励起状態は $A^{\cdot \cdot 2-}A$ となり，片方のアクセプター分子に 2 個電子が収容された状態となる．このとき，同一分子内に 2 個の電子が収容されたことになり，

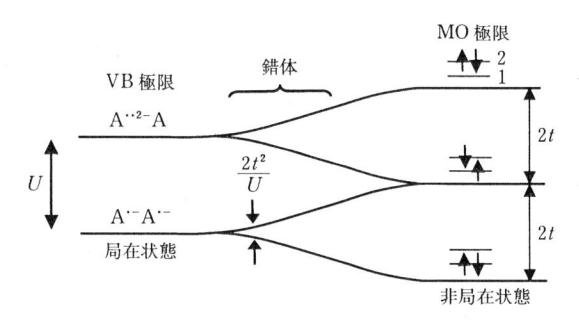

図 8.4 分離積層型錯体 2 量体の電子構造
VB, MO は，それぞれ原子価結合法，分子軌道法を示す．MO 極限に示された 1, 2 はそれぞれ結合状態，反結合状態を表す．

電子は互いに近くに存在することから大きな電子間反発エネルギー $U = e^2/\varepsilon r$ が発生する．ここで，r は電子間距離である．いい換えれば，励起状態は基底状態に比べて，U だけ大きなエネルギーをもつ．U を分子内クーロン相互作用という．このような大きな U をもつ電子状態は，電子相関の強い系の極限として，その電子状態は原子価結合法 (valence bond) によりよく記述され，図 8.4 の左側の状態のように表される．この状態は電荷移動による励起状態が基底状態から U だけ離れているため，2 つの電子は別々の分子に離れて存在するほうがエネルギーが安定となり，局在的な状態である絶縁体あるいは半導体となる．このような状態をモット (Mott) 絶縁体という．また，この状態には局在スピンが存在する．

分子が大きい場合や，誘電率 ε の大きな分子では，分子内クーロン相互作用の性格から明らかなように，U は小さくなる．これに対して，分子間距離が近づき，トランスファー積分 t が大きくなると，電子状態は，図 8.4 の右側に示された分子軌道法 (molecular orbital) で記述される状態がよい表現となる．ここでは，2 つのアクセプター分子 $A^{\cdot-}$ 間の t により，結合軌道と反結合軌道に状態は分裂し，その分裂間隔は $2t$ となる (3 章参照)．分子軌道極限での基底状態は，結合軌道に 2 個の電子の入った状態であり，電子は 2 つの分子に非局在化した非局在状態をとる．この状態は，固体物理の定義を用いれば，

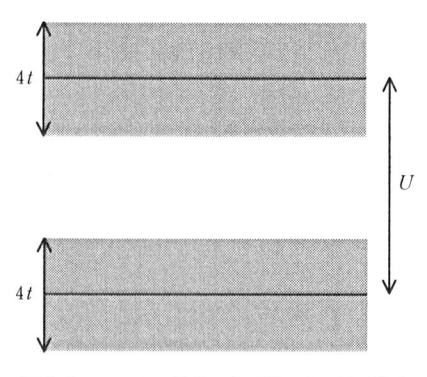

図 8.5　t と U が働く 1 次元電子系の電子構造

金属状態である．したがって，U の利かない場合には，分離積層型では金属構造をとる．励起状態は 1 つの電子が結合軌道，もう 1 つの電子が反結合軌道に入った状態，さらに，上には，2 つの電子が反結合軌道に入った励起状態がある．実際の電荷移動錯体では，U, t の値とも有限値をもち，原子価結合法と分子軌道法の両極限の中間にあり，多くの錯体では，むしろ，原子価結合法極限に近い状態となっている ($t<U$ あるいは $t\ll U$)．t/U が大きくなると，基底状態，励起状態とも 2 つに分裂し，分子軌道極限の基底状態，励起状態へと連続的に変化していく．この分裂幅は $2t^2/U$ で表される．この結果，ある t/U 値で絶縁体から金属へと不連続に転移する．いい換えれば，t/U をパラメータとして，電子状態をチューニングすることができる．2 量体での議論を結晶に当てはめてみよう．たとえば，1 次元電子系では，バンド幅は式 (3.4)，図 3.1 より $4t$ となる．したがって，図 8.5 に示すように，$t/U>1/4$ では U によるエネルギーギャップは，バンド幅内に存在する状態により消滅し，絶縁体から金属へと転移をする．このような転移をモット転移，あるいは金属-絶縁体転移という．

分離積層型錯体には，混合原子価型錯体もある．アクセプター 2 量体 $A^{-}\text{-}A$ を例にとって電子構造を調べてみよう．この構造の電子状態は図 8.6 に示したものとなる．この構造では，電荷移動により生じる二つの状態は縮退しており

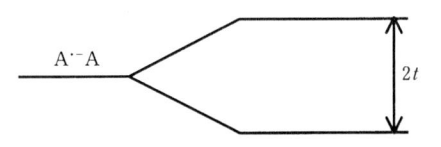

図 8.6 混合原子価分離積層型 2 量体の電子構造

($A^{·-}A \leftrightarrow AA^{·-}$),分子間の電子移動に関するエネルギーギャップは存在しない.すなわち,混合原子価分離積層型錯体は本質的に金属となる.混合原子価型は別の見方をすると,部分酸化,あるいは部分的に電子ドープされた状態ともいえる.ドナーの場合にも同様な状態をつくることができ,この場合はホールドーピングによってつくることができる.このようにしてできた金属性錯体を基礎に分子性超伝導体をデザインすることが可能であり,実際,たくさんの分子性超伝導体が報告されている.

II
伝導性金属錯体

　物質は無機物，有機物，金属錯体など多種多様に分岐している．この中で金属錯体はこれらの物質の分岐点に位置している．この金属錯体は電子状態の多様な金属イオンと設計性に富んだ配位子から構成されていることから，単純な無機化合物や有機化合物を超す物性や機能性が期待される．

　伝導性の金属錯体には主に3種類のものがある．まず，金属錯体のd電子自体が伝導を担っている化合物であり歴史は古い．つぎに，金属錯体がカウンターイオンとして存在し，局在スピンをもち磁性を担う化合物である．さらに最近はd-π相互作用をもつ(DM-DCNQI)$_2$Cuなどが注目を集めている．

　分子性の伝導体の歴史はペリレンの臭素酸化により半導体を得ることに成功した赤松，井口，松永の研究に始まり，我が国のオリジナルの研究と言えよう．その後のTTF-TCNQの金属性伝導から，(TMTSF)$_2$PF$_6$の超伝導の発見までπ電子の独壇場であった．しかし，最近のM(dmit)$_2$や(DM-DCNQI)$_2$Cuや(BETS)$_2$FeCl$_4$の発見など，d-π系が主流となってきている．まさにこれからの分子性伝導体の研究は金属錯体が主流となるであろう．

　第II部では伝導性金属錯体の歴史に従って，紹介していく．

9
d 電子系錯体

9.1 テトラシアノ白金(II)錯体から部分酸化型白金錯体への展開

9.1.1 1テトラシアノ白金(II)錯体 $M_x[Pt(CN)_4]\cdot nH_2O$

19世紀の中頃,さまざまな色をもつテトラシアノ白金(II)錯体 $M_x[Pt(CN)_4]\cdot nH_2O$(アルカリ金属イオンでは $x=2$,アルカリ土類金属では $x=1$)が合成された[1]。1932年に Pauling は $Mg[Pt(CN)_4]\cdot 7H_2O$ の構造解析を行い,平面型の $[Pt(CN)_4]$ が 3.23Å で重なった1次元カラムを形成していることを見出した。隣接する $[Pt(CN)_4]$ どうしは 45°程回転している。表 9.1 からわかるようにカチオンサイズやカチオンの電荷や結晶水の数により白金間距離は3.09〜3.7Å まで変わり,それに伴って結晶の色や蛍光のエネルギー位置も変化する。単結晶を用いた吸収スペクトルの結果,いずれも1次元方向に偏光した $(5d_{z^2}, 6s) \rightarrow (6p_x, CN\pi^*)$ であることがわかった[2]。白金間距離とエネルギー位置にはよい相関がみられた。しかしながら,これらはいずれも絶縁体である。

9.1.2 部分酸化型白金錯体の結晶構造と電子状態

金属錯体のうちで最初に伝導性分子性化合物として興味を集めたのは1968年に報告された KCP ($K_2[Pt(CN)_4]Br_{0.3}\cdot 3.2H_2O$) であった。テトラシアノ白金(II)錯体 $M_x[Pt(CN)_4]\cdot nH_2O$ をハロゲンで部分酸化したり,白金(IV)錯体と不等比で混ぜたり,電気化学的に部分酸化することにより合成された。一連の化合物の合成が行われ,カウンターイオンを変えたものや,溶媒が部分的

9.1 テトラシアノ白金(II)錯体から部分酸化型白金錯体への展開

表 9.1 $M_x[P_+^{2+}(CN)_4] \cdot nH_2O$ の構造と光物性

化合物	色	結晶構造	d_{Pt-Pt} (Å)	反射帯域 $E_{//c}$ (cm^{-1})	発光帯域 $E_{//c}$ (cm^{-1})
Sr[Pt(CN)$_4$]·3H$_2$O	紫色	単斜晶系	3.09		
Mg[Pt(CN)$_4$]·7H$_2$O	赤色	正方晶系	3.155	18020	17600
Ba[Pt(CN)$_4$]·2H$_2$O	暗赤色	斜方晶系	3.16		
Ba[Pt(CN)$_4$]·4H$_2$O	黄緑色	単斜晶系	3.321(3)	28300	21000
Er$_2$[Pt(CN)$_4$]$_3$·21H$_2$O			3.17		
Li$_2$[Pt(CN)$_4$]·xH$_2$O			3.18	20400	
Dy$_2$[Pt(CN)$_4$]$_3$·21H$_2$O		斜方晶系	3.18		
Tb$_2$[Pt(CN)$_4$]$_3$·21H$_2$O			3.18	19700	17800
Y$_2$[Pt(CN)$_4$]$_3$·21H$_2$O		斜方晶系	3.18	19700	17800
KLi[Pt(CN)$_4$]·2H$_2$O			3.20		
K$_2$Sr[Pt(CN)$_4$]$_2$·2H$_2$O	紫赤色	単斜晶系	3.21		
KNa[Pt(CN)$_4$]·3H$_2$O		単斜晶系	3.26(2)	20830	
(NH$_2$)$_2$[Pt(CN)$_4$]·2H$_2$O			3.26^5	21280	
K$_2$Sr[Pt(CN)$_4$]$_2$·6H$_2$O	黄緑色	単斜晶系	3.33		
Sm$_2$[Pt(CN)$_4$]$_3$·18H$_2$O			3.35		21650
Mg[Pt(CN)$_4$]·4.5H$_2$O	黄色	三斜晶系	3.36		
Eu$_2$[Pt(CN)$_4$]$_3$·18H$_2$O			3.37		22000
Ca[Pt(CN)$_4$]·5H$_2$O	黄色	斜方晶系	3.38	22990	22250
Rb$_2$[Pt(CN)$_4$]·1.5H$_2$O	緑色	単斜晶系	3.421(2)	24390	
K$_2$[Pt(CN)$_4$]·3H$_2$O		斜方晶系	3.478(1)	24690	
Cs$_2$[Pt(CN)$_4$]·H$_2$O		六方晶系	3.545(1)		
Sr[Pt(CN)$_4$]·5H$_2$O	無色	単斜晶系	3.60	27170	
Na$_2$[Pt(CN)$_4$]·3H$_2$O	無色	三斜晶系	3.71		26750

(J. S. Miller, Extended Linear Chain Compounds I)

表 9.2 部分酸化テトラシアノ白金錯塩

錯体	Pt-Pt (Å)	結晶構造
K$_2$Pt(CN)$_4$·Br$_{0.3}$·3.2H$_2$O	2.89	正方晶系
K$_2$Pt(CN)$_4$·Cl$_{0.32}$·2.6H$_2$O	2.88	正方晶系
Cs$_2$Pt(CN)$_4$·Cl$_{0.30}$	2.86	正方晶系
MgPt(CN)$_4$·Cl$_{0.38}$·7H$_2$O	2.99	正方晶系
(NH$_4$)$_2$Pt(CN)$_4$·Cl$_{0.32}$·3H$_2$O	2.90	正方晶系
K$_{1.74}$Pt(CN)$_4$·1.8H$_2$O	2.96	三斜晶系
K$_2$Pt(CN)$_4$(FHF)$_{0.3}$·3H$_2$O	2.92	正方晶系
Rb$_2$Pt(CN)$_4$(FHF)$_{0.40}$	2.80	正方晶系
Cs$_2$Pt(CN)$_4$(FHF)$_{0.22}$	2.87	正方晶系
Cs$_2$Pt(CN)$_4$F$_{0.19}$	2.89	正方晶系
Cs$_2$Pt(CN)$_4$(N$_3$)$_{0.25}$·0.5H$_2$O	2.88	正方晶系

(J. S. Miller, Extended Linear Chain Compounds I)

に入ったものや,カチオンが部分的に入ったものなど多くの化合物が合成された.いずれも金属光沢をもつ銅色から金色の結晶である(表9.2).合成者の名前をとって一連の化合物をクロッグマン塩(Krogmann Salts)とよばれている.クロッグマン塩には2つのタイプが知られている.1つはKCP ($K_2[Pt(CN)_4]Br_{0.3} \cdot 3.2H_2O$)に代表されるアニオン欠損タイプであり,もう1つはカチオン欠損タイプ($K_{1.75}[Pt(CN)_4] \cdot 1.5H_2O$)である[3].

アニオン欠損タイプには2種類が存在する.1つは空間群がPの水和物型の

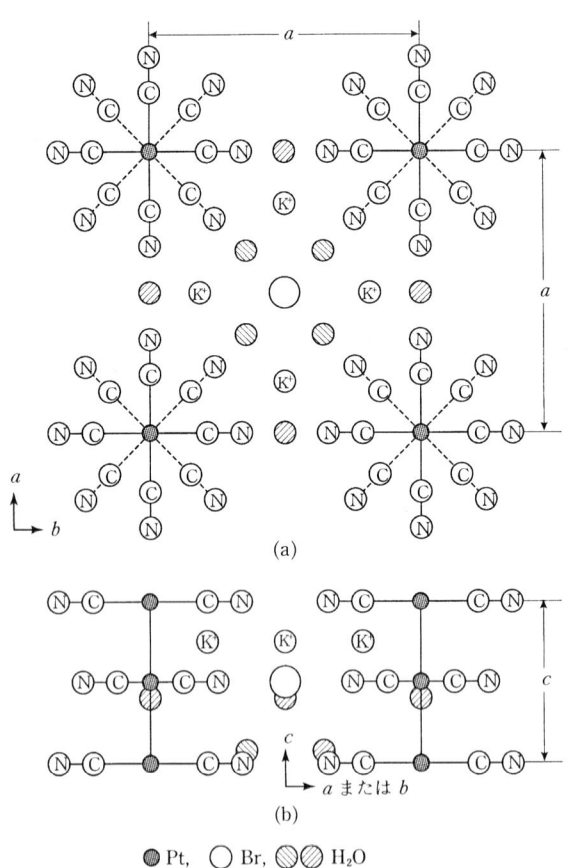

図9.1 $K_2Pt(CN)_4 \cdot Br_{0.3} \cdot 3.2H_2O$ の結晶構造

KCP に代表される化合物であり，もう1つは無水物の体心格子 I をもつ $Cs_2[Pt(CN)_4]Cl_{0.3}$ に代表される化合物である．ここでは代表的な KCP 化合物と $Cs_2[Pt(CN)_4]Cl_{0.3}$ について詳細に説明する．KCP は Krogmann らの X 線結晶解析の結果，正方晶形で，図 9.1 に示すように，白金イオンは単位格子中の四隅に位置し，c 軸方向に直鎖状につながった配列をしている．白金イオン間の距離はドーピングする前は 3.48Å であるのに対して，2.88Å まで短くなっている．それに対して，鎖に垂直方向では白金イオンは c 面内方向をシアン基で囲まれており，この面内方向での白金イオン間距離は 9.87Å と離れている．このため KCP 中の白金イオンのつくる鎖は，構造的な立場からみて 1 次元鎖金属といえよう．

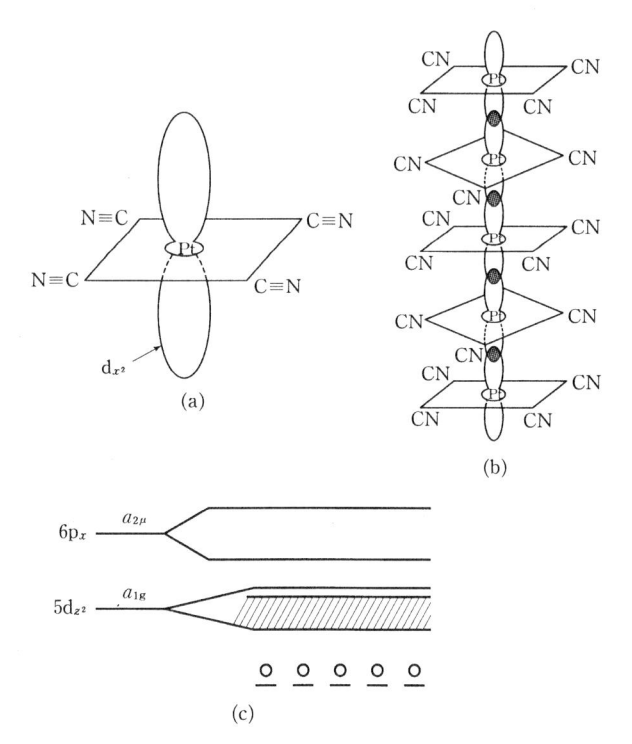

図 9.2 (a) $Pt(CN)_4^{2-}$ の d_{z^2} 軌道，(b) KCB(Br) 中の d_{z^2} 軌道，(c) 部分酸化による白金イオンの d_{z^2} 軌道の空孔

つぎに，白金イオンの電子軌道の立場から結晶をみると，酸化される前にテトラシアノ白金イオン $[Pt^{2+}(CN)_4]^{2-}$ の $5d_{z^2}$ の電子の軌道は図9.1に示すように，c 軸方向に軌道を延ばしあっており，この方向に結合している．そしてこの $5d_{z^2}$ 軌道が Br^- イオンにより部分酸化されて，図9.2に示すような0.3個の空孔をもち，金属的なバンドをつくることになる．また，負の電荷をもつシアノ基はお互いに強い反発を生じるために上下で45°ずれて，図に示すような積み重なりをしている．

部分酸化を担っている Br^- イオンは図9.1の単位格子の体心の位置に入り，その占有率は0.60である．その残りの0.40の空孔には結晶水が入っている．そのほかの結晶水は図中の(1 0 0)面などの上にある結晶水Ⅰの1分子と，Br^- イオンと白金イオンの中間の位置Ⅱの2分子を合わせて1モル中に3.2個存在することになる．また，Br^- イオンの濃度は0.3個であることから白金イオンの酸化数は +2.3 となる．図に示すように $5d_{z^2}$ からなる価電子バンドから0.3個分の電子が抜かれフェルミ面が形成されたことになる．

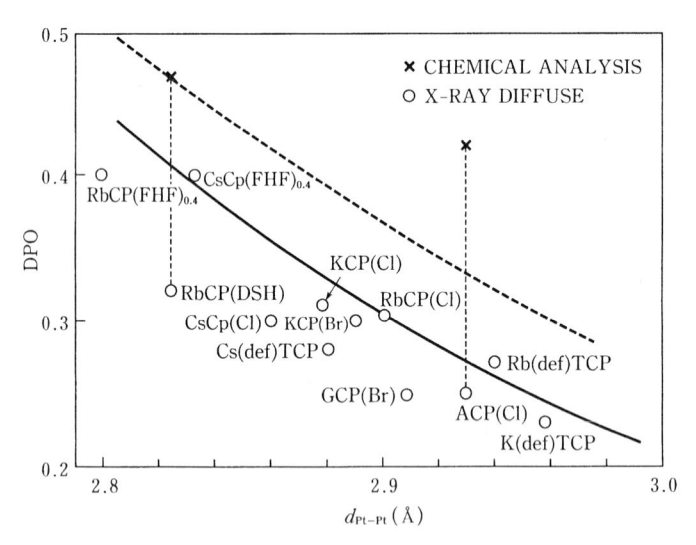

図9.3 DPO と d_{Pt-Pt} 相関
(J. M. Williams, Inorg. Nucl. Chem. Lette., **12**, 651, 1976)

9.1 テトラシアノ白金(II)錯体から部分酸化型白金錯体への展開

表9.3 実験から得られる $2k_F$ と X線から得られる $2k_F$ の比較

化合物	省略形	d_{Pt-Pt} (Å)	$2k_F$ (化学的手法)	$2k_F$ (X線)
$K_2[Pt(CN)_4]Br_{0.30}\cdot 3H_2O$	KCP(Br)	2.89	1.70	1.67
				1.70
$[C(NH_2)_3]_2[Pt(CN)_4]Br_{0.23}\cdot xH_2O$	GCP(Br)	2.908	1.77	1.75
$K_{1.75}[Pt(CN)_4]\cdot 1.5H_2O$	K(def)TCP	2.965,	1.75	1.76,
		2.961		1.775
$Rb_{1.75}[Pt(CN)_4]\cdot xH_2O$	Rb(def)TCP	2.94	1.75	1.73
$Cs_{1.75}[Pt(CN)_4]\cdot xH_2O$	Cs(def)TCP	2.88	1.75	1.72
$(NH_4)_2(H_3O)_{0.17}[Pt(CN)_4]Cl_{0.42}\cdot 2.83H_2O$	ACP(Cl)	2.92	1.58	1.75
$Rb_3(H_3O)_x[Pt(CN)_4]$	RbCP(DSH)	2.826	1.53	1.68
$\times(O_3SO\cdot H\cdot OSO_3)_{0.49}\cdot (1-x)H_2O$				
$Cs[Pt(CN)_4](FHF)_{0.39}$	CsCP(FHF)	2.833	1.61	1.60

(J. S. Miller, Extended Linear Chain Compounds I)

$Cs_2[Pt(CN)_4]Cl_{0.3}$ は，無水塩で I4/mm の空間群をもつ．Cs と平面型 $[Pt(CN)_4]$ は同一平面上にあり Cs-NC 相互作用をもっている．Cl^- は 0.3 の占有率で隙間に存在している[4]．

カチオン欠損型の化合物では唯一 $K_{1.75}[Pt(CN)_4]1.5H_2O$ だけが十分な構造解析が行われている．注目すべき点はこの種の部分酸化型白金錯体のなかで最も長い Pt-Pt 間距離であり 2.961(1) Å と 2.965(1) Å である．また少しジグザグした構造をとっている．$K_{1.75}[Pt(CN)_4]1.5H_2O$ の X線散漫散乱の結果，Pt-Pt を 8 倍繰り返した c 軸方向にコメンシュレートな超格子をもっている．化学的方法により求められた DPO(部分酸化度)＝－0.25 は X線の結果とよい一致をしている．

Pauling は DPO と Pt-Pt 間距離を以下のような式で表している．図9.3に示すようによい直線関係が見出された．

$$d_{Pt-Pt} \text{ Å} = 2.59 - 0.60 \log_{10}DPO$$

X線から求められた $2k_F$ と化学的に求められた $2k_F$ はよい一致を示しており，表9.3に示すように d_{Pt-Pt} ともよい相関が見出された．

9.1.3 伝導性と光学的性質

構造からも電子状態からも1次元金属的な振舞いが予想される KCP につい

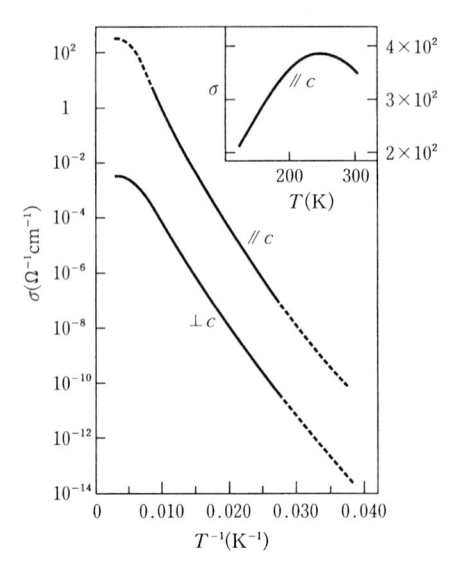

図 9.4 KCP(Br) の電気伝導度の温度変化
(H. R. Zeller *et al.*, J. Phys. Chem. Solids, **35**, 77 1974)

て，単結晶直流電気伝導度の温度変化の結果を図 9.4 に示す．1 次元鎖方向の電気伝導度は室温で $3\sim 4\times 10^2$ S cm^{-1} であるが，250 K 付近に幅広い極大が観測される．この温度より高温側では温度が上がるにつれて抵抗が増加する金属的な挙動をする．一方，低温側では温度の低下とともに抵抗が増加する半導体的な挙動をする．1 次元鎖に垂直な方向の伝導度は室温では $1/10^4$ で，このことより KCP は理想的な 1 次元金属といえよう[5]．250 K 付近の金属-半導体転移は 1 次元金属に特有のパイエルス転移であるといえる．しかし，TTF-TCNQ のような鋭い転移ではなく KCP 特有の転移といえよう．図 9.4 において 100 K 以下の温度においては $\sigma_{\ll}$ と $\sigma_\perp$ の温度変化はほぼ平行となり，見かけ上同じ励起エネルギーをもっているようにみえる．この現象は KCP のように 1 次元鎖内の伝導度が鎖に垂直な方向の伝導度に比べて非常に大きい場合に，つぎのように考えると理解できる．1 次元鎖は巨視的な大きさまで完全ではなくて，有限の大きさで切れているために，低温になるにつれて鎖内の切れ目を電子が熱的に飛び移れなくなり，その効果が顕著になる．この場合，電

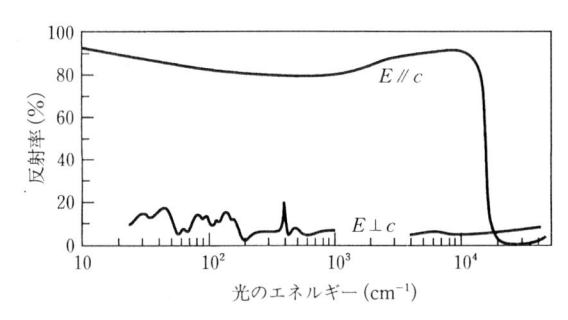

図 9.5 KCP (Br) の室温での反射率の光エネルギー依存性
(H. P. Geserich, *et al*., Phys. Status Solidi (a), **9**, 187, 1972)

子は鎖間を飛び移る以外に流れなくなるが，なんらかの格子の欠陥を通じて鎖と隣りの鎖の飛び移りがあるとすれば，鎖方向の伝導を与えることができる．一方，1次元鎖方向に垂直な方向の伝導度も，電流がより流れやすい有限の長さの鎖方向に流れながら鎖間の飛び移り箇所を選んで電子が移動することになるから，同じような温度変化をすることが期待される．この点を決定させたのがマイクロ波による高周波電気伝導度のデータである．100 K 以下で直流法との差が現れ，低温での直流伝導度の値は理想的な1次元鎖内での伝導度でないことがわかる．この点からみると，TTF-TCNQ では直流法とマイクロ法により測定された電気伝導度はより広い範囲で一致しており，KCP よりも結晶の完全性がよいといえる[6]．

表 9.3 に示すように DPO と電気伝導度の間にはほぼよい相関がみられる．すなわち，DPO が大きくなると室温の電気伝導度が増加している．つまり，フィリングコントロールが行われていることを意味する．

KCP では電気伝導度に大きな異方性がみられたが，このような性質は単結晶の反射スペクトルにおいてもみられた[7]．図 9.5 に室温における反射率の光エネルギー依存性を示す．電場ベクトルが1次元鎖と平行の場合は高い伝導度に対応した高い反射率を示すことがわかる．また，波数 $2 \times 10^4 \, \text{cm}^{-1}$ 近傍にみられる反射率の減少は，通常の金属においてみられるプラズマ吸収端として理解できる．

9.1.4 コーン異常と電荷密度波

1次元金属では Peierls が指摘したようにフェルミ波数ベクトル k_F の2倍の波数をもったフォノンが電子系と強く相互作用した結果, ソフト化が起こる (コーン異常). そして, 格子系を平均場で近似したモデルでは, 格子に $q=2k_F$ の"パイエルス歪"とよばれる長周期の歪が現れ, 格子間隔が等間隔でなくなり, この周期で変調を受けた電荷密度波が出現することが期待される.

KCP の場合, k_F は白金1個につき $5d_{z^2}$ 軌道の2個の電子が 0.30 個の Br^- イオンによる部分酸化を受けるために $5d_{z^2}$ は 1.7 個の電子により占められている. したがって, k_F を白金原子間距離 $C=2.88$ Å を用いて書くと $k_F(KCP)=(\pi/2)(1.7/2C)$ となり, $2k_F=1.70(\pi/C)=1.70\,C^*$ の波数でコーン異常が期待される. この1次元固有の巨大コーン異常, パイエルス歪をみることを目的とした X 線や中性子線散漫散乱の研究が精力的に行われてきた.

Comes らの得た X 線写真にはブラッグ点を示す層線から層線間の距離の約 1/6 の場所に連続した散漫散乱の線の存在がみられる. これは1次元鎖により生じた散漫ストリークで, 散乱ベクトルは $K=\pm 0.30\,C^*$ である. この値は, 先に述べた $2k_F=1.70\,C^*=(2\pm 0.30)C^*$ で原子間距離が変調を受けるというパイエルスの考えを裏づけるものであった[8].

中性子線を用いると, 散乱強度については, X 線よりも精密な議論が可能となる. Lynn らは KCP(Br) の白金鎖の原子間距離が単純に波数 $2k_F$ の正弦波で表されるという仮定のもとに, 格子変調の振幅を決定した. 温度による格子の長周期の歪の大きさは, 白金原子間の約1%程度で非常に小さいものである. コーン異常を直接観測するには, 中性子非弾性散乱によるフォノンのエネルギーの波数依存性のスペクトルを観測すればよい. Carneiro らはフォノンの波数 Q を一定にしてエネルギーを変化させて散乱ピークを探すという従来の方法では, $Q=2k_F$ 近傍で期待されるコーン異常による散乱の急激なエネルギー変化を正確に知ることは困難なので, エネルギー E を一定にして波数ベクトル Q を変化させる方法を用いて研究を行った. 金属的性質をもつと思われる 240 K の結果から, c 軸方向の縦波フォノンは $2k_F$ に対応する $Q=0.3\,C^*$

でソフト化を起こしていることがわかる．これはまさにコーン異常にあたるものである[9]．

9.2　ハロゲノカルボニルイリジウム錯体

イリジウム（I）は$5d^8$電子配置をもつために白金（II）と同様に平面四配位構造をとりやすく，そのために部分酸化をすることにより1次元伝導性錯体をつくる可能性があると考えられていた．1次元イリジウム錯体は1940年代に初めて合成された[10]．この化合物は大きく分けて2つのタイプがある．1つはハロトリカルボニルイリジウム化合物，でもう1つはジハロジカルボニルイリジウム化合物であり，化学的には異なるが物理的性質はよく似ている．

Hieberらは1つめのタイプの$Ir(CO)_3X$（X＝Cl, Br, I）を合成した．1968年

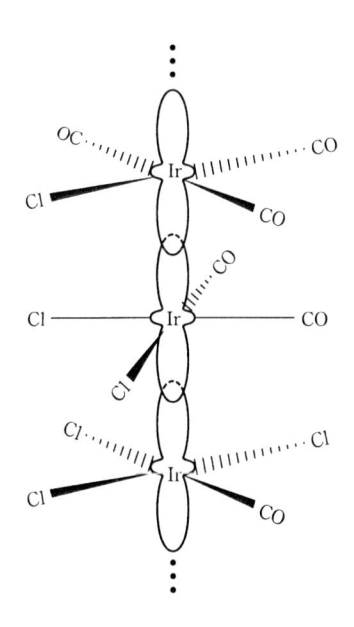

図9.6　$Ir(CO)_3Cl$の構造
(J. S. Miller, *et al.*, Prog. Inorg. Chem., **20**, 1, 1976)

表 9.4 Ir(CO)₃X の構造パラメータ

Ir(CO)₃X	a	b	c	空間群	Ir-Ir (Å)
Ir(CO)₃Cl	5.687 (2)	15.168 (5)	12.909 (7)	$Cmcm$	2.844 (1)
Ir(CO)₃Br	5.707 (4)	15.462 (10)	13.160 (9)	$Cmcm$	2.854 (1)
Ir(CO)₃I	5.795 (4)	15.126 (13)	14.603 (8)	?	2.898 (2)

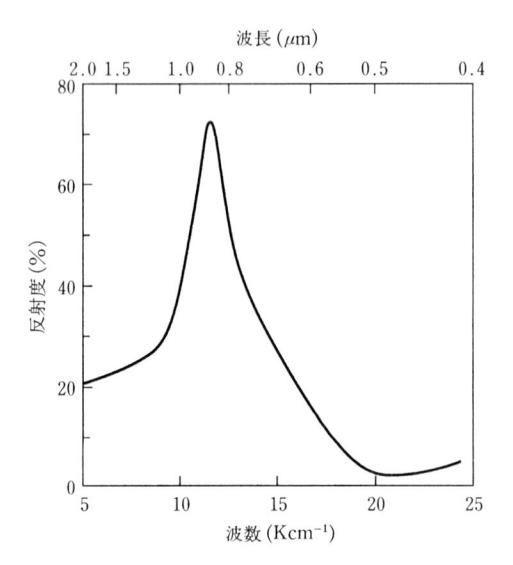

図 9.7 Ir(CO)₃Cl の単結晶反射スペクトル
(A. M. Reis, *et al*., Inorg, Synth., **19**, 18, 1979)

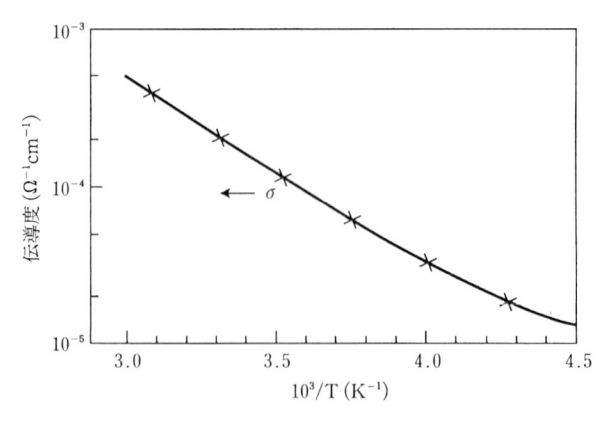

図 9.8 Ir(CO)₃Br の伝導度
(A. P. Ginsberg, *et al*., Chem. Phys. Lett., **38**, 310, 1976)

に Krogmann らは塩素化合物の構造解析を行い，平面状の [Ir(CO)$_3$Cl] が重なって Ir-Ir 結合をもつ1次元化合物であり，その組成は Ir(CO)$_{2.93}$Cl$_{1.07}$ であることを明らかにした(図 9.6)[11]．イリジウムの酸化数は +1.07 であり，Ir-Ir 間距離は 2.844 Å である(表 9.4)．過剰の塩素イオンは部分的に [Ir(CO)$_2$Cl$_2$] が混入したためであると考えられた．単結晶反射スペクトルにおいて1次元鎖方向には強い吸収が観測され，垂直方向には吸収が観測されず，1次元電

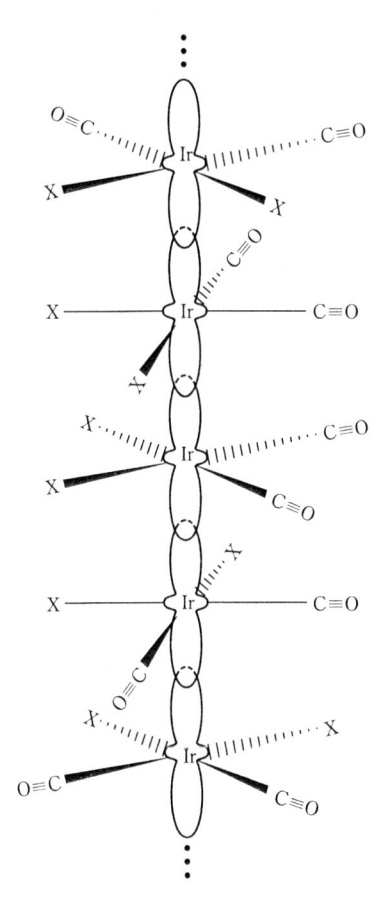

図 9.9 Ir(CO)$_2$Cl$_2$ の構造
(A. P. Ginsberg, *et al*., Inorg., **15**, 514, 1976)

子系であることと一致している(図9.7).単結晶電気伝導度測定の結果,室温の伝導度は$0.2\,\mathrm{S\,cm^{-1}}$であり,活性化エネルギーは$0.064\,\mathrm{eV}$である(図9.8)[12].

ジハロジカルボニルイリジウム化合物は不安定であるために構造や物性に関する研究は不十分である(図9.9).これらの化合物のIr-Ir間距離および室温の電気伝導度を表9.5に示す.Ginsbergらの研究により以下の点が明らかになった[13].(1)イリジウムの酸化数は$+1.39\sim1.44$である.これは10個のイリジウムあたり$0.39\sim0.44$の伝導担体に相当する.(2)電気伝導のメカニズムはホッピングモデルで説明できる.(3)CO伸縮振動から2個のCOはcis配置である.

表9.5 ジハロジカルボニルイリジウムの構造と物性

錯体	色	Ir-Ir (Å)	伝導度 ($\Omega^{-1}\,\mathrm{cm}^{-1}$)	E_a (eV)	イリジウム酸化数
$\mathrm{H_{0.36}Ir(CO)_2Cl_2 \cdot 2.9H_2O}$	金色	2.86	1	—	1.62
$\mathrm{K_{0.60}Ir(CO)_2Cl_2 \cdot 0.4KCl \cdot 0.2CH_3COCH_3}$	銅色	—	$0.03\sim0.05$	—	1.40
$\mathrm{K_{0.58}Ir(CO)_2Cl_2}$	金色	2.86	$1.5\sim5.0$	0.35	1.42
$\mathrm{K_{0.6}Ir(CO)_2Cl_2 \cdot 0.5H_2O}$	銅色	—	$0.06\sim0.14$	—	1.40
$\mathrm{Na_{0.61}Ir(CO)_2Cl_2 \cdot 0.32NaCl}$	銅色	—	0.06	—	1.39
$\mathrm{Cs_{0.48}Ir(CO)_2Cl_2}$	褐色	2.86	—	—	1.52
$\mathrm{(TTF)_{0.61}Ir(CO)_2Cl_2}$	銅色	—	0.02	—	1.39
$\mathrm{(NMe_4)_{0.55}Ir(CO)_2Cl_2}$	—	2.86	—	—	1.45
$\mathrm{(AsPh_4)_{0.62}Ir(CO)_2Cl_2}$	褐色	2.86	—	—	1.38
$\mathrm{Mg_xIr(CO)_2Cl_2}$	—	2.86	—	—	?
$\mathrm{Li_xIr(CO)_2Cl_2}$	—	2.86	—	—	?
$\mathrm{Ba_xIr(CO)_2Cl_2}$	—	2.86	—	—	?
$\mathrm{(Me_3NCH_2Ph)_{0.3}Ir(CO)_2Cl_2}$	褐色	—	—	—	1.5
$\mathrm{(Bu_4N)_{0.5}Ir(CO)_2Cl_2}$	褐色	—	—	—	1.5
$\mathrm{NaIr(CO)_2Cl_{2.4}}$	—	—	—	—	1.4
$\mathrm{KIr(CO)_2Cl_{2.4}}$	金色	—	$0.2\sim0.3$	0.35	1.4
$\mathrm{K_{0.5}Ir(CO)_2Br_2}$	青銅色	—	—	—	1.5
$\mathrm{KIr(CO)_2Br_{2.5}}$	金色	—	—	—	1.5
$\mathrm{K_{0.57}Ir(CO)_2Br_2 \cdot 0.2CH_3COCH_3}$	銅色	—	0.15	—	1.43
$\mathrm{Cs_{0.60}Ir(CO)_2Br_2}$	銅色	—	$0.07\sim0.09$	—	1.40
$\mathrm{KIr(CO)_2I_{2.5}}$	—	—	—	—	1.50
$\mathrm{Ir_2(CO)_4Cl_2(O_2CCH_3)_2}$	—	2.78	—	—	1.50

(J. S. Miller, Extended Linear Chain Compounds I)

9.3 部分酸化型マグナス塩

19世紀末に合成されたマグナス塩 [Pt(NH$_3$)][PtCl$_4$] は平面の [Pt(NH$_3$)$_4$]$^{2+}$ と [PtCl$_4$]$^{2-}$ が交互に重なった1次元鎖構造を有し，特徴的な緑色をしているが，それ自体は絶縁体である．このマグナス塩を濃硫酸に懸濁して酸素を通じ

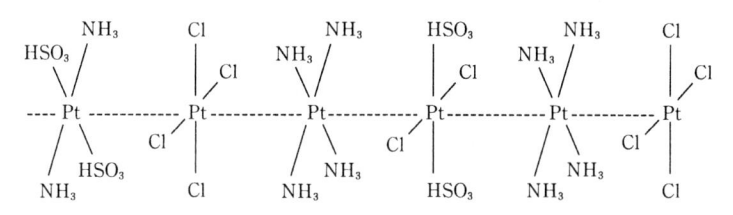

図 9.10 Pt$_6$(NH$_3$)$_{10}$Cl$_{10}$(HSO$_4$)$_4$ の推定構造
(W. Gitzel, *et al.*, Z. Naturforsch., **B27**, 365, 1972)

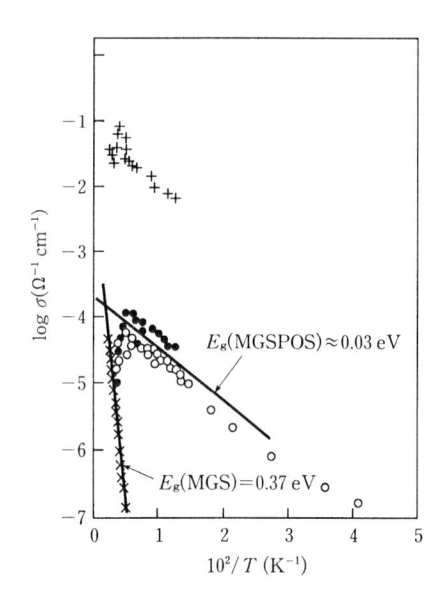

図 9.11 マグナス塩 (MGS) とその部分酸化物 (MGSPOS) の伝導度 (σ) の温度変化
(I. Tsujikawa, *et al.*, J. Phys. Sor. Jpn., **43**, 1459, 1977)

ると，暗褐色の金属光沢のある粉末が得られる．Gitzel らによれば，これは $Pt_6(NH_3)_{10}Cl_{10}(HSO_4)_4$ で表せる部分酸化錯体であり Pt の平均酸化数は 2.33 であり，図 9.10 のような推定構造である[14]．

辻川らの粉末ペレットの電気伝導度の測定によれば，伝導度は室温付近では金属的振舞いをするが 190～220 K で金属-半導体転移が観測される（図 9.11）．

9.4 部分酸化型オキサラト白金錯体

部分酸化される前の $[Pt(ox)_2]^{2-}$ 塩は 100 年以上前に合成されていた（図 9.12）．しかし，部分酸化型オキサラト白金塩の研究は 20 世紀の半ば過ぎに Krogmann の構造解析の研究により再開された．一般に部分酸化型オキサラト白金錯体は KCP に比べて結晶のサイズが小さいために研究は困難をきわめた．部分酸化型オキサラト白金錯体は $[Pt(ox)_2]^{2-}$ 塩を $[PtCl_6]^{2-}$, Cl_2, Br_2, $[Cr_2O_7]^{2-}$, H_2O_2 および空気で酸化することにより得られるが，これまでにカチオンとして Ia, IIa, IIb, IIIb, 第 1 遷移金属，ランタニド類が知られている．いずれもカチオンの欠損型である．

部分酸化度の決め方には，元素分析と Pt(IV) の滴定と X 線の散漫散乱から決める方法がある．X 線散漫散乱から $DPO = 2(1 - k_F d_{Pt-Pt}/\pi)$ { d_{Pt-Pt}：白金間距離, k_F：フェルミ波ベクトル} を用いて得られる値が最も信頼性がある．表

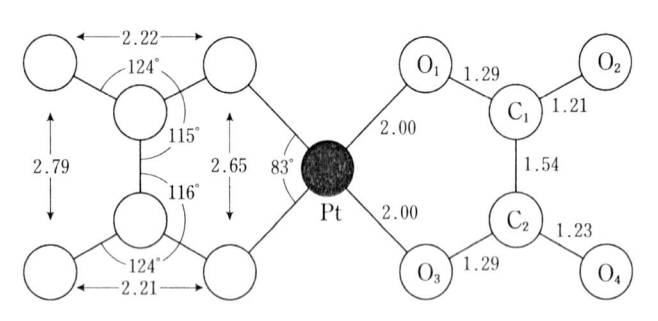

図 9.12 $[Pt(ox)_2]^{2-}$ の構造
(K. Krogmann, Z. Anorg. Allg. Chem., **358**, 97, 1968)

表9.6 部分酸化度

化合物	DPO (化学的手法)	DPO (X線)
$Mg_{0.82}[Pt(C_2O_4)_2]\cdot 5.3H_2O$	0.36	0.30 ; 0.31-0.32
$Co_{0.83}[Pt(C_2O_4)_2]\cdot 6H_2O$	0.34	0.30
$Ni_{0.84}[Pt(C_2O_4)_2]\cdot 6H_2O$	0.32	0.30
$Mn_{0.81}[Pt(C_2O_4)_2]\cdot 6H_2O$	0.38	0.28
$Cu_{0.84}[Pt(C_2O_4)_2]\cdot 7H_2O$	0.32	0.28
$Zn_{0.81}[Pt(C_2O_4)_2]\cdot 6H_2O$	0.38	0.32
$Rb_{1.67}[Pt(C_2O_4)_2]\cdot 1.5H_2O$	0.33	0.33
$Rb_{1.51}(H_3O)_{0.17}[Pt(C_2O_4)_2]\cdot 1.3H_2O$		0.32
$K_{1.81}[Pt(C_2O_4)_2]\cdot 2H_2O(\gamma\text{-K-OP})$	0.19	0.19
$K_{1.62}[Pt(C_2O_4)_2]\cdot 2H_2O(\alpha\text{-K-OP})$	0.38	0.36

(J. S. Miller, Extended Linear Chain Compounds Ⅰ)

9.6に化学的分析から得られた値とX線散漫散乱から得られた値を載せている．ほぼよい一致をしている．

カリウムイオンをカチオンとしてもつ化合物は5種類，知られている．$K_{1.6\pm0.04}[Pt(C_2O_4)_2]xH_2O$ ($\alpha, \beta, \delta, \varepsilon$) と $K_{1.81}[Pt(C_2O_4)_2]2H_2O(\gamma)$ である．小林らは α 相の構造解析を行い，白金間距離がおよそ 2.82Å の白金のジグザグ鎖からなっていることを明らかにした[15]．β 相は1次元の3倍周期構造をもっているが 273K へ冷やすと δ 相へと転移を起こす．ε 相は単斜晶系で白金間距離が 2.855Å の1次元鎖構造をしている．最もよく研究されているのは γ 相である（図9.13）．この化合物は4個の $[Pt(C_2O_4)_2]^{1.81-}$ が b 軸に沿ってジグザグに1次元鎖構造をとっている．白金間距離は 2.837Å と 2.868Å で ∠Pt(1)-Pt(3)-Pt(2)=175° である．1次元鎖中に非等価な3個の $[Pt(C_2O_4)_2]$ があり，隣りどうしが 45° ずれている．オキサラト配位子は K^+ と H_2O との相互作用により平面からずれている．5個のサイトの K^+ のうち1個だけが完全に占有されているが残りは欠損している．5個サイトの H_2O はディスオーダーしている．白金原子鎖は室温で変調しているが，KCPと違って 100K 以下で変調波は縦成分と横成分をもっている．298K での変調波の大きさは 0.17Å である．この値は KCP に比べて6倍も大きい．衛星反射の位置から得られた変調波は 29.92Å であるが，これはパイエルス超格子歪 (30Å) とほぼ同じである．

ルビジウム (Rb) をカチオンにもつ化合物は少なくとも3種類の多系が存在

Pt ○   K ⊙   O •   C ○   H₂O ●

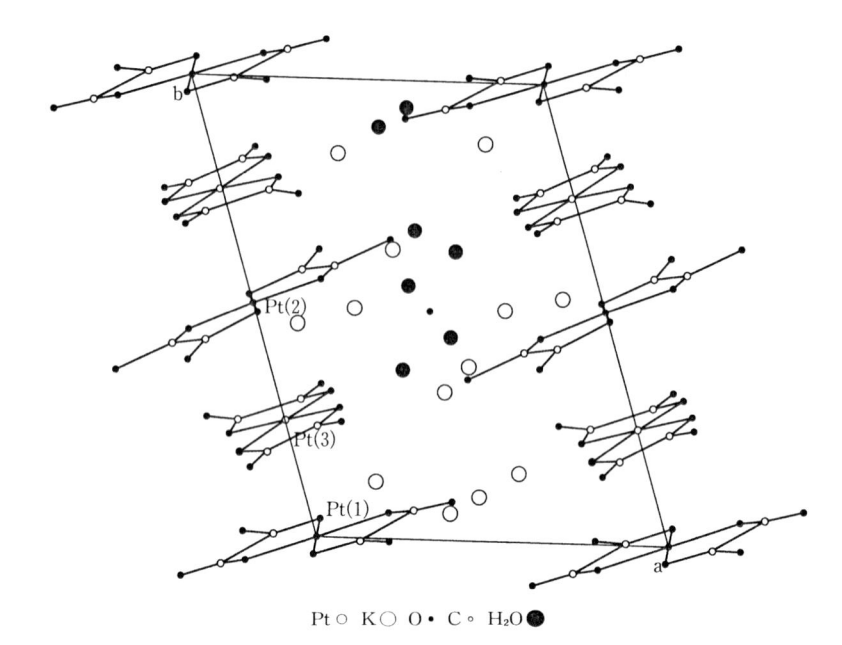

図 9.13 γ-K-OP の構造
(H. Kobayashi, *et al.*, Solid State Commun., **23**, 409, 1977)

する.小林らによって研究された a 相の $Rb_{1.67}[Pt(C_2O_4)_2]1.5H_2O$ は6倍周期の構造をもっている(図 9.14)[16].基本構造は3種類の独立した白金間距離(2.717, 2.830, 3.015 Å)をもって,b 軸に沿って歪んだ白金原子鎖からなっている.白金間距離の 2.717 Å は部分酸化型白金錯体中で最も短く,白金金属よりも短い.オキサラト配位子は平面ではなくて Rb^+ と H_2O との間の相互作用により歪んでいる.白金鎖は変調しており,パイエルス超格子は 17.28 Å であり,b 軸の 17.108 Å とほぼ,一致している.

2価のカチオンをカウンターイオンにもつ化合物のうちで $Mg_{0.82}[Pt(C_2O_4)_2]xH_2O$ (x=2.0〜5.5, 3.0〜5.0, 5.0〜5.6) は4種の相が報告されている.このうち $Mg_{0.82}[Pt(C_2O_4)_2]5.3H_2O$ が最もよく研究されており $Co_{0.83}[Pt(C_2O_4)_2]6H_2O$ と同型構造である[17].いずれも斜方晶系で白金間距離は Mg 塩で 2.85 Å,Co 塩で 2.841 Å である.2価カチオンは,$[Pt(C_2O_4)_2]$ の間に位置し,6個の水分子

9.4 部分酸化型オキサラト白金錯体

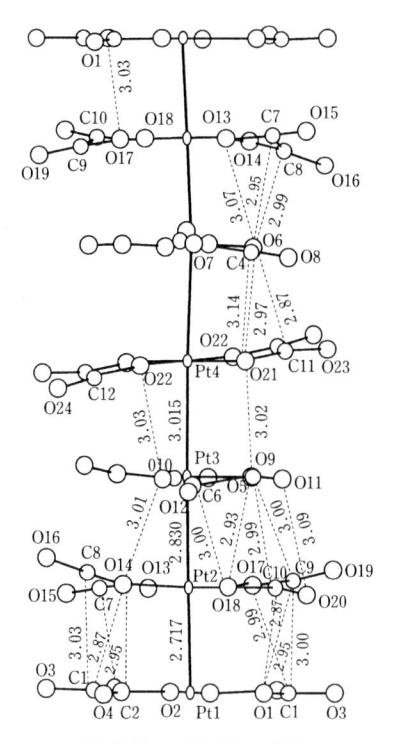

図 9.14 α-Rb-Op の構造
(A. Kobayashi, *et al*., Bull. Chem. Soc. Jpn., **52**, 3682, 1979)

が歪んだ八面体配位構造をとっている．$Mn_{0.81}[Pt(C_2O_4)_2]6H_2O$,$Ni_{0.84}[Pt(C_2O_4)_2]6H_2O$ および $Zn_{0.81}[Pt(C_2O_4)_2]6H_2O$ も Co 塩と同型構造をもっている．$Cu_{0.84}[Pt(C_2O_4)_2]7H_2O$ は 3 斜晶系であり Mg 塩などと同型ではなく，白金間距離は 2.875 Å である．この違いは Cu のヤーン-テラー効果によるものである．

室温の電気伝導度は 1 次元鎖方向で $1\sim100\,S\,cm^{-1}$ である (表 9.7)．これは部分酸化型テトラシアノ白金錯体に比べて 1 桁小さい値である．これは部分酸化型オキサラト白金錯体がすでに室温で超格子構造をもっているからであろう．とりわけルビジウムカチオンをもつ α 相と β 相は室温の電気伝導度が $10^{-3}\,S\,cm^{-1}$ であり，α 相がより悪いのは最も長い白金間距離 (3.01 Å) が存在

表 9.7 伝導度

化合物	dc による実験値		35 GHz による実験値	
	$\sigma_{//}(\Omega^{-1}\text{cm}^{-1})$	E_a (eV)	$\sigma_{//}(\Omega^{-1}\text{cm}^{-1})$	$\sigma_{\perp}(\Omega^{-1}\text{cm}^{-1})$
α-K–OP	10^2 (max)	0.10 (<190 K)		
γ-K–OP	10 (max)	0.15 (<170 K)		
$K_{1.64}[Pt(C_2O_4)_2] \cdot x H_2O$	$(1\times 10^{-2})\sim 42$	0.070〜0.086		
$Rb_{1.51}(H_3O)_{0.17}[Pt(C_2O_4)_2] \cdot 1.3 H_2O$	$5\sim(18\times 10^{-3})$	0.095 (<180 K)	$1.6\sim(2.6\times 10^{-1})$	1.7×10^{-3}
$Rb_{1.67}[Pt(C_2O_4)_2] \cdot 1.5 H_2O$	7×10^{-3}	0.077		
$Mg_{0.82}[Pt(C_2O_4)_2] \cdot 5.3 H_2O$	$(2\times 10^{-1})\sim 50$	0.05〜0.085	9〜34	$(1.4\times 10^{-1})\sim(2.8\times 10^{-2})$
$Co_{0.83}[Pt(C_2O_4)_2] \cdot 6 H_2O$	2〜25	0.05 (<250 K)	12〜38	$2\sim(4\times 10^{-1})$
$Mn_{0.81}[Pt(C_2O_4)_2] \cdot 6 H_2O$	10〜47	0.05〜0.06(<110 K)		
$Ni_{0.84}[Pt(C_2O_4)_2] \cdot 6 H_2O$	2〜22	0.053〜0.062(<275 K)		
$Zn_{0.81}[Pt(C_2O_4)_2] \cdot 6 H_2O$	29〜94	0.053〜0.062(<275 K)		
$Cu_{0.84}[Pt(C_2O_4)_2] \cdot 7 H_2O$	$(7\times 10^{-1})\sim 10$		3.6×5.8	$4.0\sim(5.9\times 10^{-3})$

(J. S. Miller, Entended Linear Chain Compounds Ⅰ)

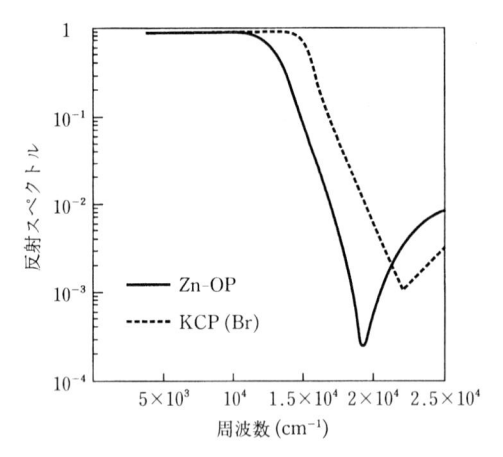

図 9.15 Zn–OP の単結晶反射スペクトル
(C. S. Jacobsen, *et al.*, Solid State Commun., **36**, 477, 1980)

するためである.伝導度の異方性は KCP が 5 桁あるのに対して部分酸化型オキサラト錯体は 2 桁である.小林らによりカリウムカチオン塩の α 相と γ 相の電気伝導度の温度変化が調べられた.いずれも昇温時と降温時の間にヒステリシスを示すが 190 K 以下で半導体である.γ 相は 170 K 以下で半導体である.ルビジウムの α 相は室温から半導体であり,β 相は 180 K 以下で半導体である[18].

9.4 部分酸化型オキサラト白金錯体

表 9.8 部分酸化型テトラシアノ錯体と部分酸化型オキサラト錯体の比較

	部分酸化型 オキサラト錯体塩	部分酸化型 テトラシアノ錯体塩
カチオンの欠損	Yes	Yes
1価カチオン	Yes	Yes
2価カチオン	Yes	No
アニオンの欠損	No	Yes
水和	Yes	Yes
無水	No	Yes
Pt–Pt 距離の範囲 (Å)	2.81〜2.876	2.798〜2.963
部分酸化度	0.19〜0.36	0.19〜0.40
300 K 伝導度	10^2〜10^{-2}	(2×10^3)〜1

亜鉛錯体の単結晶反射スペクトルが測定されたが,異方性が高く,金属的な反射が観測された (図 9.15).

部分酸化型テトラシアノ錯体と部分酸化型オキサラト錯体の比較を表 9.8 に示す.

10
(π)-d 電子系錯体

10.1 部分酸化型オキシム錯体

NiとPdのビスオキシム錯体(図10.1)は分析試薬として古くから有名であるが,ハロゲンで酸化することにより平面型の[M(oximate)$_2$]が直接に1次元的に重なった構造をとり高伝導性の化合物になる.

10.1.1 [Pd(Hgly)$_2$]I (H$_2$gly=glyoxime)

[Pd(Hgly)$_2$]を熱したジクロロベンゼン中に溶かし,ヨウ素を加えると[Pd(Hgly)$_2$]Iの組成をもつ黒い針状結晶が得られる.[Pd(Hgly)$_2$]が1次元的に直接,重なっており,それに平行にヨウ素(I)原子もつながっている.Pd-Pd間距離はドーピングする前の3.558Åから3.224Åへと短くなっている.伝導性は半導体である[19)].

[M(Hgly)$_2$]　　[M(Hdpg)$_2$]　　[M(Hbgd)$_2$]

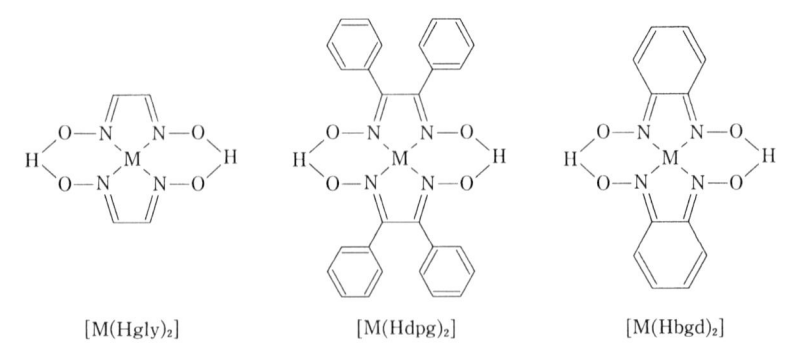

図10.1　ジオキシマト金属錯体

10.1.2　[M(Hdpg)$_2$]I (M=Pd, Ni) (H$_2$dpg=diphenylglyoxime)[20]

　M(Hdpg)$_2$ を熱したジクロロベンゼンに溶かし過剰のヨウ素を加えると，針状の金属光沢をもった結晶 [M(Hdpg)$_2$]I が得られる．同様に臭素を加えることにより [M(Hdpg)$_2$]Br も得られるが，この化合物は温度を上げることにより臭素が抜けて M(Hdpg)$_2$ に戻ってしまう．

　[Ni(Hdpg)$_2$]I は Ni(Hdpg)$_2$ が 90°ずつ回りながら 1 次元的に重なっている (図 10.2)．ヨウ素原子もその 1 次元鎖に平行に並んでいる．Ni-Ni 間距離は酸化する前の 3.547Å から 3.223Å へと短くなっている．ヨウ素原子はディスオーダーしているために結晶解析から酸化数は決められない．[Pd(Hdpg)$_2$]I も同様の構造をしている．

　酸化数を見積もるためにヨウ素の共鳴ラマン (Raman)・スペクトルとメスバウアー (Mössbauer)・スペクトルが測定された．[M(Hdpg)$_2$]I(M=Pd, Ni) の共鳴ラマン・スペクトルにおいて，161 cm^{-1} の強いバンドが観測される．これは (trimesix acid. H$_2$O)10H$^+$I$_5^-$ と同じであることから，[M(Hdpg)$_2$]I 中のヨウ素は I$_5^-$ であり，そのために正式な化学式は [M(Hdpg)$_2^{+0.2}$](I$_5^-$)$_{0.2}$(M=Pd, Ni) であり，金属イオンの酸化数は +2.2 価である．このことは ^{129}I メスバウアー・スペクトルからも確かめられた．

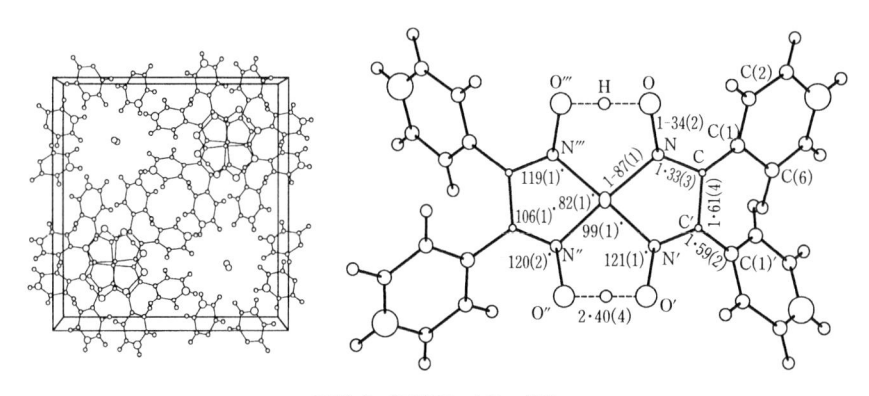

図 10.2　[Ni(Hdpg)$_2$]I の構造
(A. Gleizes, *et al.*, J. Am. Chem. Soc., **97**, 3545, 1975)

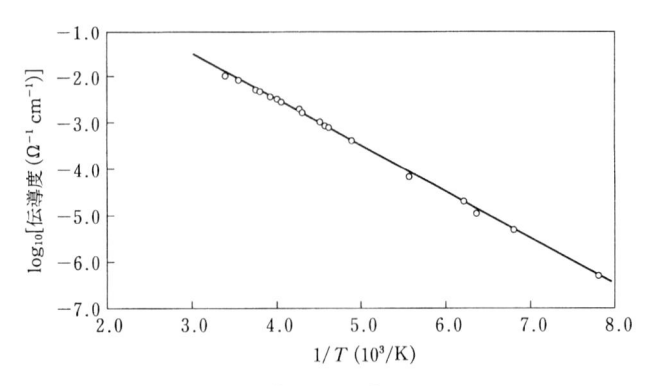

図 10.3 [Ni(Hdpg)$_2$]I の伝導度
(D. W. Kalina, *et al*., J. Am. Chem. Soc., **102**, 7854, 1980)

表 10.1 伝導度

物質	伝導度 (300 K, Ω^{-1} cm^{-1})	300 K における伝導度の比較 (Ω^{-1} cm^{-1}) dc	ac(100 Hz)	Δ(eV)	L(Å)
Ni(bqd)$_2$	$<9\times10^{-9}$				
Ni(bqd)$_2$I$_{0.018}$	$<9\times10^{-9}$				$<7.0\times10^{-13}$
Ni(bqd)$_2$I$_{0.52}$·S	$1.8\sim11\times10^{-6}$	1.8×10^{-6}	1.1×10^{-7}	0.54 ± 0.08	$1.4\sim8.6\times10^{-8}$
Pd(bqd)$_2$	$<2\times10^{-9}$				
Pd(bqd)$_2$I$_{0.5}$·S	$7.8\sim810\times10^{-5}$	5.6×10^{-3}	4.5×10^{-3}	0.22 ± 0.03	$6.4\sim670\times10^{-7}$
Ni(dpg)$_2$I	$2.3\sim11\times10^{-2}$			0.19 ± 0.01	$4.0\sim20\times10^{-4}$
Pd(dpg)$_2$I	$7.7\sim47\times10^{-4}$			0.54 ± 0.11	$1.3\sim8.0\times10^{-5}$

[M(Hdpg)$_2$]I の電気伝導度は活性化型の式でよく表すことができ，半導体的挙動を示す(図 10.3)．これらの室温の電気伝導度は，ドーピングする前の化合物 M(Hdpg)$_2$ に比べて Ni 錯体で 6 桁，Pd 錯体で 4 桁も増加している(表 10.1)．伝導パスは金属イオンの d 電子によることは明らかであるが，そうすれば Ni 錯体より Pd 錯体のほうが高伝導であるべきであるが，逆になっている．そのために，伝導機構は phonon-assisted carrier hopping かエプシュタイン-コンウェル(Epstein-Conwell)機構であろうと考えられている．

10.1.3 [M(Hbqd)$_2$]I$_x$·nSolvent (M=Pd, Ni) (H$_2$bqd=benzoquinonedioxime)[21]

M(Hbqd)$_2$ を熱したジクロロベンゼンに溶かし，ヨウ素を加えると金色の針

状晶 [M(Hbqd)$_2$]I$_{0.5}$(M＝Pd, Ni) が得られる．M(Hbqd)$_2$ は少し回転しながら1次元鎖構造をつくっている（図 10.4）．それらの間に大小の空孔があるが小さい空孔にはヨウ素が1次元鎖構造をしており，大きな空孔には溶媒がディスオーダーしながら入っている．X線結晶解析や元素分析の結果，化学式は[Pd(Hbqd)$_2$]I$_{0.5}$・0.52 dichlorobenzen と [Ni(Hbqd)$_2$]I$_{0.52}$・0.32 toluene である．Ni-Ni 間距離は酸化する前の 3.856 Å から 3.153 Å へと短くなっている．またPd-Pd 間距離も酸化する前の 3.202 Å から 3.184 Å へと短くなっている．共鳴ラマン・スペクトルの結果，107 cm^{-1} に強いバンドが観測されるためにヨウ素

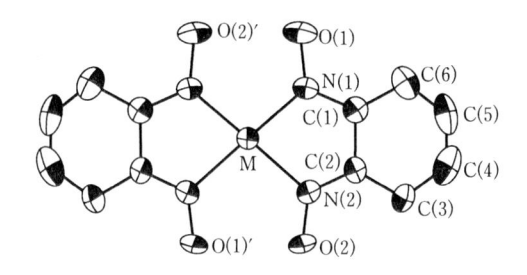

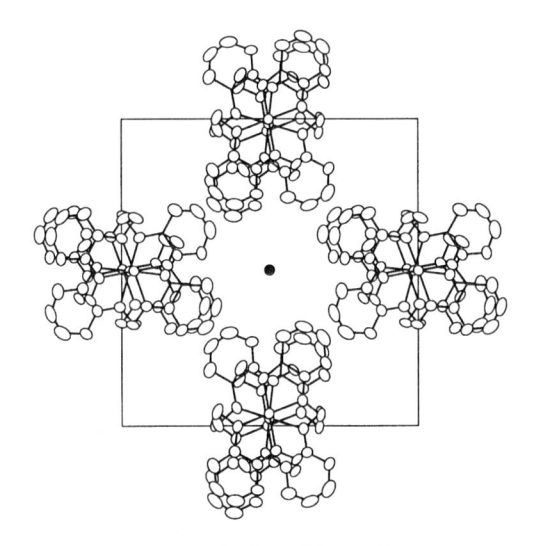

図 10.4 [Pd(Hbqd)$_2$]I の構造
(L. D. Brown, *et al*., J. Am. Chem. Soc., **101**, 2937, 1979)

は I_3^- である.そのためにこれらの化合物の化学式は $[M(Hbqd)_2^{+0.17}](I_3^-)_{0.17}\cdot nS$ である.そのために金属イオンの酸化数は $+2.17$ である.

単結晶電気伝導度は半導体的挙動を示している.室温の電気伝導度は Ni 錯体で3桁,Pd 錯体で4桁大きくなっている.しかしながら,いずれも電気伝導度は $[M(Hdpg)_2]I(M=Pd, Ni)$ に比べて劣っている(表 10.1).

部分酸化度と伝導度の関係をみるために $[Ni(Hbqd)_2]I_{0.018}$ が調べられた.この結晶は熱いベンゼンに $Ni(Hbqd)_2$ を溶かし,ヨウ素を加えることにより得られた.ヨウ素の量は中性子線解析により行われた.Ni-Ni 間距離は 3.180 Å であり,$[Ni(Hbqd)_2]I_{0.52}\cdot 0.32\,toluene$ (3.153 Å) より若干,長くなっている.ヨウ素は共鳴ラマンの結果,I^- である.その結果,化学式は $[Ni(Hbqd)_2^{+0.018}](I^-)_{0.018}$ である.つまり Ni の酸化数は $+2.018$ である.そのために室温の電気伝導度は $<9\times10^{-9}\,(\Omega^{-1}\,cm^{-1})$ であり,絶縁体であった.

このように部分酸化型オキシム錯体ではドーピング量の大きさに依存して電気伝導度の大きさが決まっている.

11
π-(d) 電子系錯体

11.1　部分酸化型白金錯体 $Li_{0.8}(H_3O)_{0.33}[Pt(mnt)_2]1.67H_2O$

　1981 年に Underhill は部分酸化型白金錯体 $Li_{0.8}(H_3O)_{0.33}[Pt(mnt)_2]1.67H_2O$ (mnt＝1,2-dicyanoethylene-1, 2-dithilene) の合成に成功した．室温の電気伝

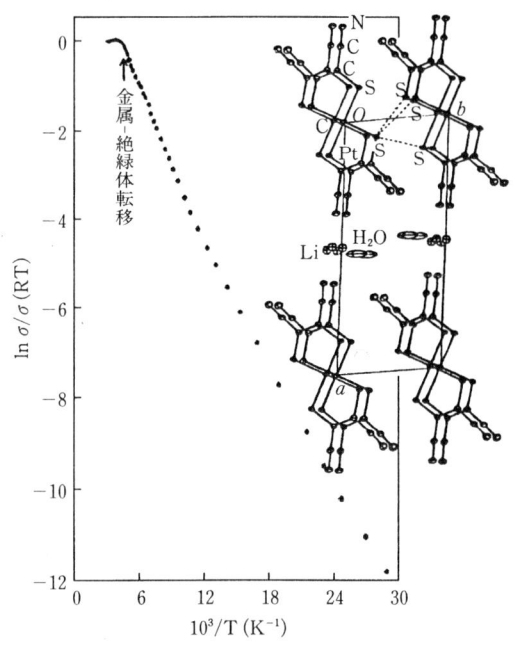

図 11.1　伝導度と構造
(A. Kobayashi, *et al*., Bull. Chem. Soc. Jpn., **57**, 3262, 1984)

導度は 200 $(\Omega^{-1}\,cm^{-1})$ であり，室温から 220 K まで金属的振舞いをする (図 11.1)．それ以下で絶縁体転移を起こす．小林らは相転移に基づく $2k_F$ 衛星反射の発達を観測し，金属-絶縁体転移を直接的に観測することに成功した．この化合物は高伝導性を示すにもかかわらず，Pt-Pt 間距離は 3.64 Å と離れており，伝導経路の形成には $Pt5d_{z^2}$ ではなくて，分子間カルコゲン原子 (S) 間の接触が大切で，配位子の硫黄原子の 3pπ 軌道を介して伝導バンドが形成されていることがわかった．

11.2 TCNQ-オキシマト金属錯体

オキシム系金属錯体 (Pt, Pd, Ni) を d 電子系として，TCNQ を π 電子系とする分離積層型電荷移動錯体はおもに TCNQ 鎖上で導電性を示すことから π-(d) 電子系といえよう (図 11.2)．これらの化合物中においては d 電子系であるオキシマト金属錯体内，オキシマト金属錯体間および，オキシマト金属錯体のアミノ水素と π 電子系である TCNQ の CN 基との間で 2 次元的な水素結合がある．これらの化合物群においてオキシマト金属錯体のアミノ水素と TCNQ の CN 基との間の水素結合を介した 2 つのカラム間の電子のやりとりが物性に重要な役割を果たしている．

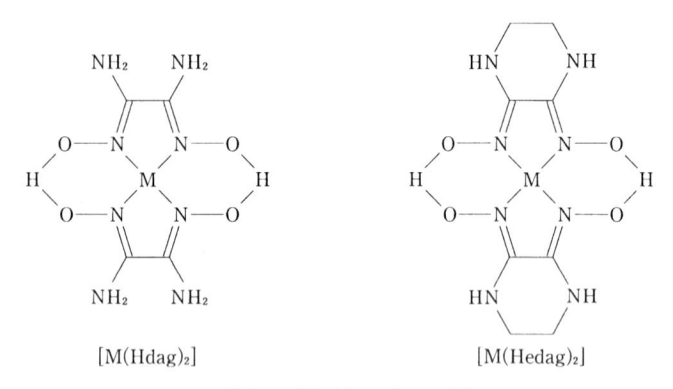

図 11.2 分離積層型電荷移動錯体

11.2 TCNQ-オキシマト金属錯体

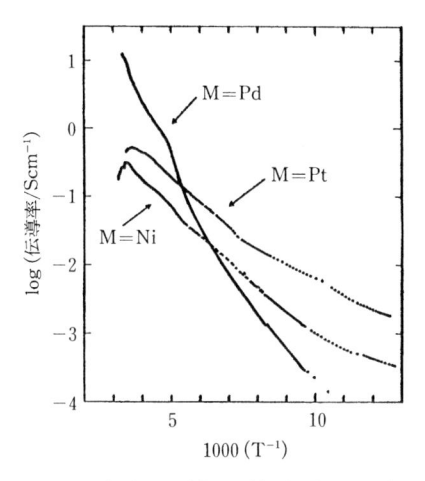

図 11.3 [M(H$_2$dag)(Hdag)]TCNQ の伝導度
(T. Mitani, et al., Mol. Cryst. Liq. Cryst., **216**, 73, 1992)

[M^{2+}(H$_2$dag)^0(Hdag)$^-$]TCNQ(M=Pt, Pd, Ni) は 1982 年に Endres らにより, 合成され伝導性等の基礎物性について調べられ[22], その後, 北川らにより水素結合と伝導の観点から研究が発展させられた[23]. 合成のさいの微妙な条件の違いにより, プロトンが H$_2$dag から部分的に抜け, H$_2$dag と Hdag の比は 1:1 ではなく Hdag のほうが余分に入っている. そのために TCNQ の価数は -1 価ではなくて 0 価と -1 価の混合原子価状態となっている. この物質群の特徴は低温における d 電子系から π 電子系への水素結合を介した電子移動である. Pd と Pt 錯体において室温付近では金属的な振舞いをするが低温では半導体へと転移をするが, 240 K あたりから徐々に電子移動が始まり 160 K では金属の平均価数は +3 価となる (図 11.3). X 線光電子分光により Pt や Pd の価数が +2 価と +4 価の混合原子価状態になることが明らかにされた (図 11.4) ので, 金属の酸化数が +2 価から平均 +3 価に変化したわけである. この電子は TCNQ のカラムの方に移動しており, TCNQ は -1 価と -2 価の混合原子価状態に変化している. この変化に伴い TCNQ の CN 伸縮振動にも顕著な変化が観測されている. TCNQ^{2-} はそれほど安定でないので, カラム

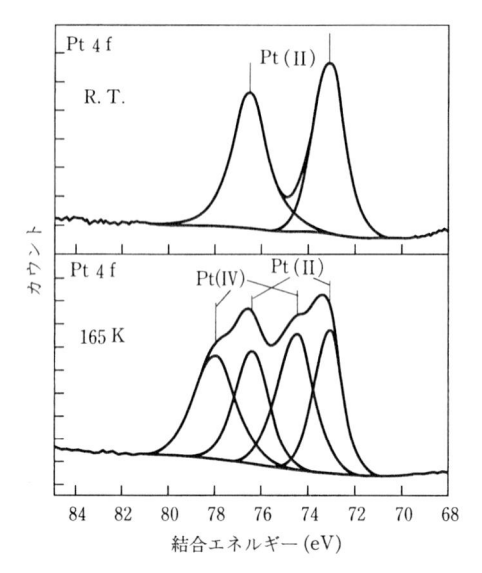

図 11.4 [Pt(H₂dag)][Pt(Hdag)]TCNQ の X 線光電子分光スペクトル
(H. Kitagawa, *et al*., Synth, Met., **55**, 1783, 1993)

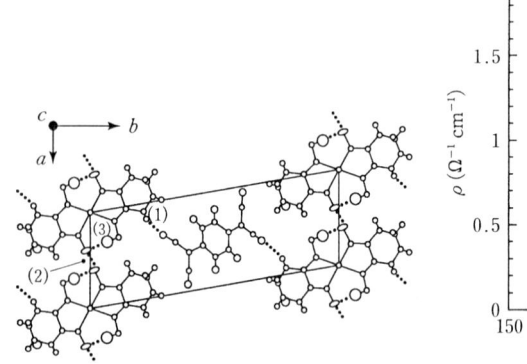

図 11.5 [Pd(H₂EDAG)(HEDAG)]TCNQ の構造
(H. Kitagawa, *et al*., Synth, Met., **71**, 1919, 1995)

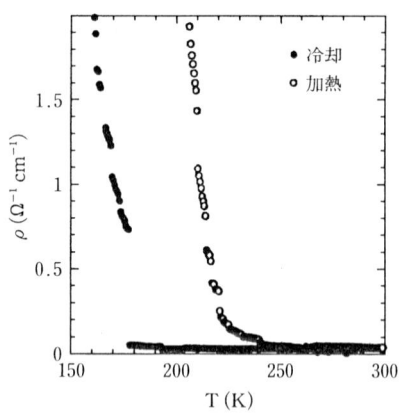

図 11.6 [Pd(H₂EDAG)(HEDAG)]TCNQ の伝導度
(H. Kitagawa, *et al*., Synth, Met., **71**, 1919, 1995)

間の水素結合が安定化の手助けをしていると考えられる．

水素結合のネットワークを少なくした [M(H$_2$edag)(Hedag)]TCNQ が中筋らにより合成された（図11.5）[24]．この物質も TCNQ^0 と TCNQ^{1-} の混合原子価状態をとっており，金属的な挙動をするが，150 K 付近で金属-絶縁体転移を示す．この相転移とともに-NH 伸縮振動が著しく強度を増すことから，この相転移には，d 電子系と π 電子系を橋渡ししている水素結合を介して電子移動をしていると考えられている（図11.6）．

11.3　部分酸化型テトラアザアヌレン金属錯体

面内配位子として，より π 電子の非局在化したマクロサイクル配位子を用いれば部分酸化型の低次元鎖化合物が合成できると考えられた．その指針は，より小さなクーロン反発（U）をもつからと期待されたからである．このような方針で，種々のジベンゾテトラアザアヌレン錯体をヨウ素で部分酸化した化合物が得られた（図11.7）．ESR の結果，いずれの化合物も基本的には配位子の π 電子が酸化されていることが明らかになった．

[M(TAA)]I$_x$ と [M(TMTAA)]I$_x$ において，$x<3$ の時は I$_3^-$ であるが，$x>3$ の時は I$_5^-$ であることが共鳴ラマン・スペクトルにより明らかになった．室温の電気伝導度はドーピング前のものに比べて 10 桁近くも上昇する．よく電

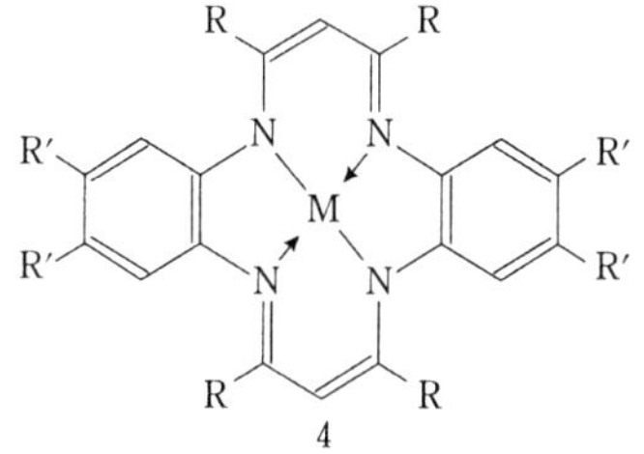

R=R′=H(TAA)；M=H$_2$, Co, Ni, Cu, or Pd
R=H；R′=CH$_3$(TMTAA)；M=H$_2$, Ni, or Pd
R=CH$_3$；R′=H(TM′TAA)；M=Ni

図 11.7　種々のアヌレン錯体

表 11.1 伝導度

化合物	室温での伝導度 ($\Omega^{-1}\mathrm{cm}^{-1}$)	E_a (eV)
NiTAA	1.8×10^{-15}	2.25
(NiTAA)I$_{0.8}$	2.1×10^{-1}	0.093
(NiTAA)I$_{1.0}$	4.5×10^{-1}	0.051
(NiTAA)I$_{2.6}$	8.1×10^{-2}	
(NiTAA)I$_{7.0}$	2.3×10^{-1}	
NiTMTAA	4.0×10^{-14}	1.36
(NiTMTAA)I$_{1.7}$	1.4×10^{-2}	
(NiTMTAA)I$_{2.9}$	3.8×10^{-2}	0.093
CoTAA	7.9×10^{-13}	1.33
(CoTAA)I$_{1.9}$	1.1×10^{-2}	
CuTAA	1.8×10^{-10}	0.89
(CuTAA)I$_{1.8}$	1.1×10^{-3}	
(PdTAA)I$_{0.4}$	2.0×10^{-2}	
(PdTAA)I$_{0.8}$	1.3×10^{-1}	0.080
(PdTMTAA)I$_{0.4}$	9.3×10^{-4}	0.154
(H$_2$TAA)I$_{1.4}$	2.4×10^{-5}	
(H$_2$TMTAA)I$_{1.6}$	3.8×10^{-6}	
(NiTM'TAA)I$_{2.7}$	$<10^{-7}$	
(NiTM'TAA)I$_{4.9}$	2.9×10^{-6}	
(NiPc)I$_{1.0}$	7.0×10^{-1}	0.036

(J. S. Miller, Extended Linear Chain Compounds Ⅰ)

気が流れる化合物は TAA を配位子にもつ化合物である.また,[M(TAA)]I$_x$ の伝導度は中心金属やドーピング量 (x) に依存している.とくに,[Ni(TMTAA)]I$_{2.44}$ の単結晶電気伝導度は室温付近で金属的な振舞いをする (表 11.1)[25].

11.4 部分酸化型フタロシアニン錯体

フタロシアニンはさまざまな金属と錯体をつくり,高い π 電子共役性をもち,多段階の酸化還元状態を有することから,低次元伝導体をつくるためのドナーとして有望であると考えられている (図 11.8).この構造の最大の特徴は,同一分子内に金属イオンとフタロシアニン配位子がそれぞれ独立した直交した 1 次元バンドの形成を可能にしている点である.1 つが中心金属 d$_{z^2}$ 軌道でつ

11.4 部分酸化型フタロシアニン錯体

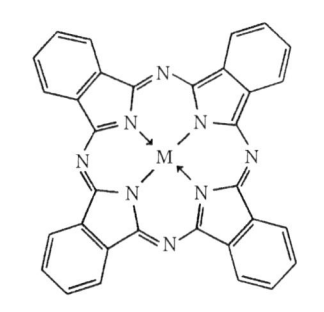

図 11.8　M(Pc)

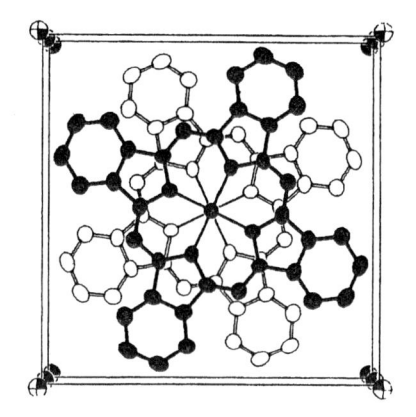

図 11.9　[Ni(Pc)]I の構造
(R. P. Scaringe, et al., J. Am. Chem. Soc., **102**, 6702, 1980)

くられる d バンドであり，もう 1 つがフタロシアニンの π-HOMO 軌道でつくられる π バンドである．d バンドと π バンドは空間的にもエネルギー的にも近接しているものの，対称性が異なるためにそれらの波動関数は混成していない．そのために 2 つのバンドは同一分子内で独立したバンドの形成が可能になるわけである．部分酸化型錯体を合成したときに 2 つのバンドのうちどちらに伝導電子が発生するかで，この物質の電子的な性質が大きく変わってくると考えられる．

　ヨウ素の蒸気や溶液との反応によりさまざまな伝導体を生じる．これらは熱すると元のフタロシアニン錯体へ戻る．共鳴ラマン・スペクトルや ^{129}I メスバ

ウアー・スペクトルの結果，$[M(Pc)]I_x$ において，$x<3$ の時は I_3^- であり，$x>3$ の時は I_5^- である．ヨウ素のドーピングにより室温の電気伝導度は 10 桁以上も上昇する．ペレットを用いた電気伝導度はいずれも半導体的挙動を示す．

$[Ni(Pc)]I$ の単結晶が拡散法により溶液から得られ，結晶解析が行われた．Ni(Pc) どうしは 39.5° 回転しながら Ni-Ni 間距離が 3.244Å で 1 次元に積層している (図 11.9)．カウンターイオンのヨウ素は 1 次元構造をもちながら

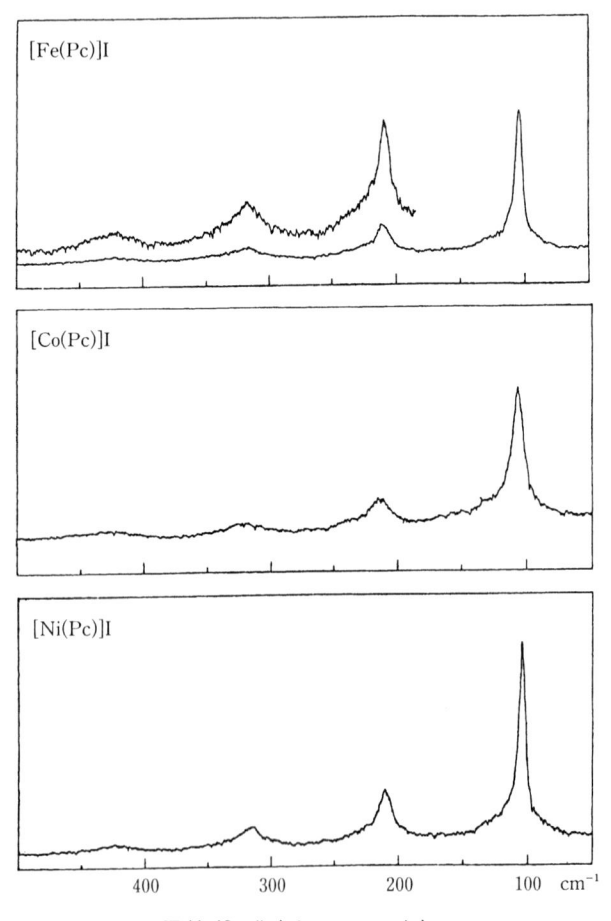

図 11.10 共鳴ラマン・スペクトル
(J. L. Petersen, *et al*., J. Am. Chem Soc., **99**, 286, 1977)

11.4 部分酸化型フタロシアニン錯体

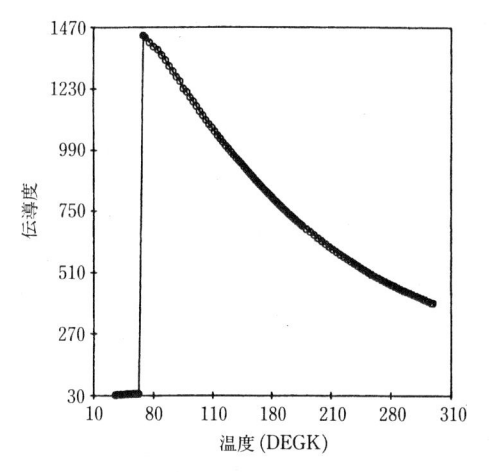

図 11.11 [Ni(Pc)]I の伝導度
(R. P. Scaringe, *et al*., J. Am. Chem. Soc., **102**, 6702, 1980)

ディスオーダーしている．^{129}I メスバウアー・スペクトルや X 線散漫散乱の結果，ヨウ素は I_3^- で存在している．そのために化学式は $[Ni(Pc)]^{+0.33}(I_3^-)_{0.33}$ である（図 11.10）．単結晶の室温電気伝導度は 1 次元方向で 650 (Ω^{-1} cm^{-1}) に達するほどの高伝導性を示す．それが金属的挙動をしながら，50 mK まで金属的な性質を示し，準 1 次元的な化合物であるにもかかわらずパイエルス転移等の相転移を示さない（図 11.11）．この種の格子歪が現れない理由の 1 つとしてフタロシアニンが電子励起や電荷の出入りに対して固い分子であることが関係している．また，電子-格子相互作用が現れにくい物質である．単結晶の ESR が測定され，Pc の π ラジカルが観測されたことから，金属イオンは酸化されずに，配位子が酸化され，ホール（キャリアー）は配位子上 (Pc) にあることがわかった．磁化率の温度変化において少し温度変化は示すものの，比較的弱い常磁性である．磁化率のデータからトランスファー積分 (t) は～0.06 eV である[26]．

[Cu(Pc)]I は中心金属が Cu であるために磁性をもつ化合物である[27]．この化合物はおもにポルフィリン上から π 電子が引き抜かれており，3 重項が基底状態であることが証明された．つまり Cu 上の不対電子とフタロシアニン上の

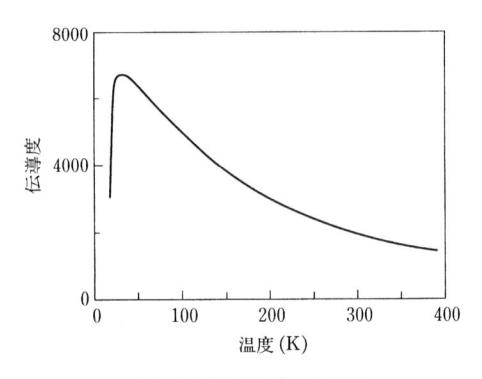

図 11.12 [Cu(Pc)]I の伝導度
(M. Y. Ogawa, et al., J. Am. Chem. Soc., **109**, 1115, 1987)

不対電子は強磁性的に相互作用しているわけである．これは Cu の $d_{x^2-y^2}(b_{1g})$ とポルフィリンの HOMO(a_{1u}) が直交しているために，フント則に従って 3 重項状態が 1 重項状態よりも安定になるためである．見積もられた交換相互作用定数 J は 0.03〜0.1 eV である．この化合物においてはフタロシアニン上の伝導電子と Cu 上の不対電子との間の相互作用が問題である．この化合物が室温付近で金属的であることが (図 11.12)，電気抵抗，偏光反射スペクトル，熱電能から明らかにされている．ESR の信号は 1 本であり Cu 上のスピンとフタロシアニン上のスピンが交換相互作用により結合されている．つまり，この物質においては Cu 上に磁気モーメントが残ったまま，フタロシアニンによる金属的な伝導バンドができており，フタロシアニン上の伝導電子は Cu 上の局在した不対電子と交換相互作用しながら動いている．この物質の磁化率はキュリー–ワイス則に従う項と温度に依存しないパウリ常磁性の項の和として近似できる．Cu のつくる 1 次元鎖上の隣接する Cu 上のスピン間の相互作用がきわめて弱いことを示している．Cu 間の相互作用は 10 K 以下で現れ始め，この温度以下ではキュリー則からのズレが観測され，反強磁性的に弱く相互作用していることがわかる (図 11.13)．また ESR の g 値や線幅が大きくなることから Cu 上のスピンが整列し始めていることを示唆している．隣接 Cu 間の相互作用はこの程度であり非常に小さい．この相互作用は Cu$3d_{x^2-y^2}$ の波動関数

11.4 部分酸化型フタロシアニン錯体

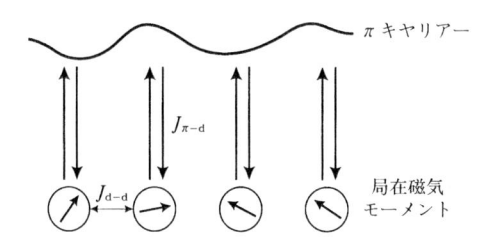

図 11.13 [Cu(Pc)]I における磁気的相互作用の模式図
丸印は銅イオンを表し,波型が Pc 上の伝導電子を表す.銅の局在磁気モーメントは直接の交換相互作用 J_{d-d} と伝導電子を介しての間接的な交換相互作用 $J_{\pi-d}$ で相互作用している.

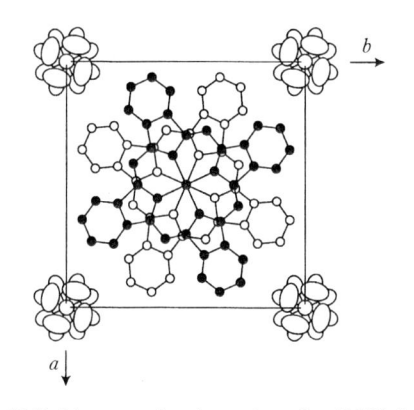

図 11.14 コバルトフタロシアニン塩の結晶構造
(H. Yamakado, *et al*., Synth. Met., **62**, 169, 1994)

の重なりによる直接的な反強磁性的相互作用と伝導電子を介しての間接的な相互作用の両方の寄与がある.電気伝導度は [Ni(Pc)]I とは異なり,低温のある温度から抵抗増大へと転じている.さらに磁場をかけるとこの抵抗が少し減少する方向へと変化する.しかし,Cu 上のスピンを整列させて金属状態へ復帰させるような劇的な変化は起こっていない.

薬師らは電解法により $[M(Pc)](AsF_6)_{0.5}(M=Co, Ni)$ を合成している[28].ESR の測定の結果,電子はフタロシアニンの π 電子から引き抜かれている.$[Co(Pc)](AsF_6)_{0.5}$ の構造は,正方晶系ですべてのフタロシアニン分子が 4 回対称軸と鏡面の上に乗っており,D_{4h} のサイト対称性をもっている.この分子

が c 軸方向に積層しているが，隣接する分子間は約 42° 回転している（図 11.14）．[Co(Pc)](AsF$_6$)$_{0.5}$ は不対電子を金属上と配位子上にもつ物質である．[Co(Pc)](AsF$_6$)$_{0.5}$ の Co は +2 価であるので不対電子を d$_{z^2}$ 軌道にもち，かつ

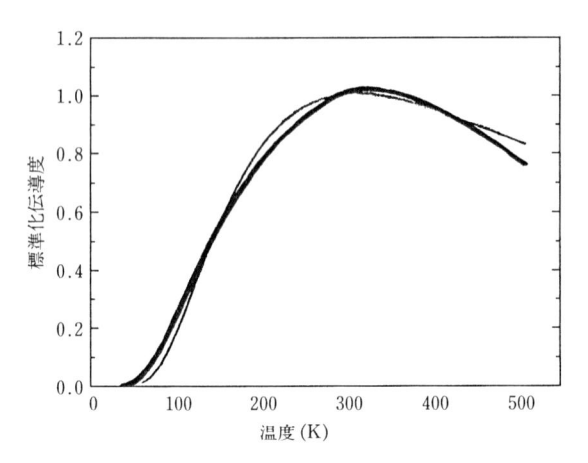

図 11.15 [Co(Pc)](AsF$_6$)$_{0.5}$ の伝導度
(K. Yakush, *et al.*, Bull. Chem. Soc., Jpn., 62, 687, 1989)

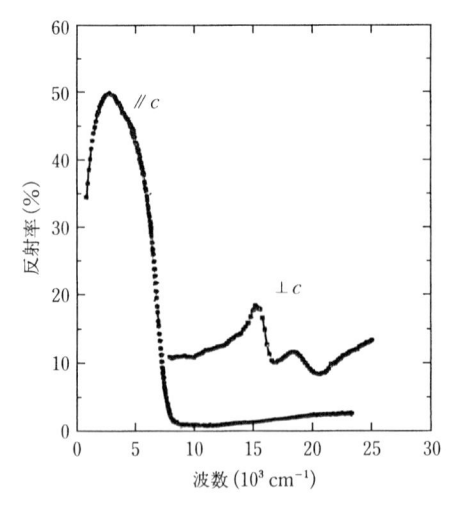

図 11.16 [Co(pc)](AsF$_6$)$_{0.5}$ の単結晶偏光スペクトル
(K. Yakushi, *et al.*, Bull. Chem. Soc. Jpn., **62**, 687, 1989)

フタロシアニン上にももつ物質である．この物質は金属的な $[Ni(Pc)]$ $(AsF_6)_{0.5}$ と同じバンド充満率をもち，金属的な電子構造をもつことが期待されるが，室温以上では金属的な挙動をするが，室温の抵抗は 10^{-2} Ωcm と $[Ni(Pc)](AsF_6)_{0.5}$ より1桁大きく室温から温度降下とともに電気抵抗が増加する半導体である（図 11.15）．熱電能も温度に依存しない．熱電能の絶対値は他の金属フタロシアニン錯体に比べて大きく，電子相関の強い1次元モット-ハバード系である．このことから，この化合物は室温で電子相関に基づくギャップが開いている．このことは単結晶反射スペクトルにおいて反射率が低く，電気伝導度スペクトルにおいて明らかにピークをもち，室温ですでにギャップをもっていることからも明らかである（図 11.16）．このように $[Co(Pc)](AsF_6)_{0.5}$ における Co 上の局在 d 電子は $[Cu(Pc)]I$ よりはるかに大きな影響をフタロシアニン上の π 電子に与えている． $[Co(Pc)](AsF_6)_{0.5}$ の磁化率は $[Cu(Pc)]I$ のような大きな常磁性は示さず， Co^{2+} 上のかなりのスピンが反強磁性的に相互作用している．このことは Co-Co 間の距離が Cu-Cu 間の距離よりも短いことと，不対電子の軌道が隣接する Co の方向を向いた $3d_{z^2}$ 軌道にあることから隣接 Co 間の軌道の重なりによる反強磁性的相互作用が生じていると考えられる．この化合物のスピン分布は中性子線回折により決定されているが，スピン分極は Co だけではなくフタロシアニンの方へもかなり広がっている．d 電子と π 電子の強い交換相互作用はこのような実験結果からも裏づけられている．

　$[Ni(Pc)](AsF_6)_{0.5}$ は斜方晶系であり，フタロシアニン分子が4回対称軸と鏡面の上に乗っており，D_{4h} のサイト対称を有している．この分子は隣接する分子と互いに $40.4°$ 回転して等間隔に積層している（図 11.17）．$[Ni(Pc)]$ $(AsF_6)_{0.5}$ の酸化部位は ESR の g 値（$g=2.003$）からフタロシアニン部分が酸化されていることがわかる．ESR 測定から求めたスピン磁化率はパウリ常磁性的な弱い温度変化をしている．室温付近の電気伝導度は 500 S cm^{-1} である．温度依存性は $300 \sim 50$ K の温度範囲で金属的な振舞いをしたのち，50 K 以下の温度で電気伝導度が減少した．偏光光学反射スペクトルは1次元金属に特有

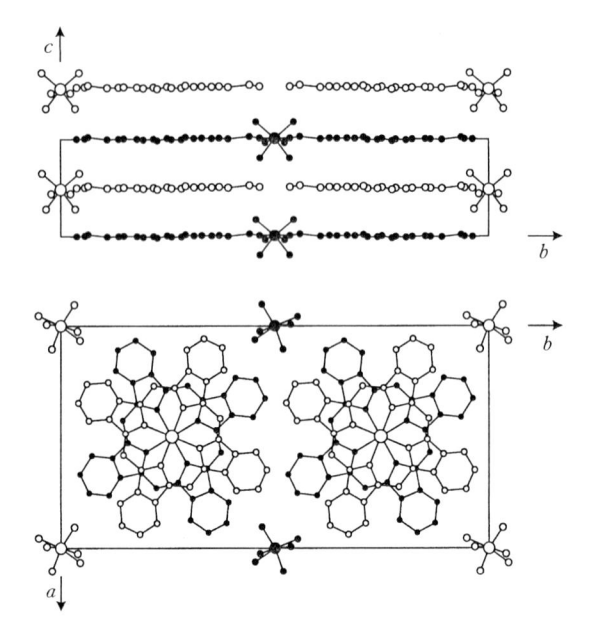

図 11.17 [Ni(Pc)](AsF$_6$)$_{0.5}$ の構造
(K. Yakushi, *et al*., Bull. Chem. Soc. Jpn., **62**, 687, 1989)

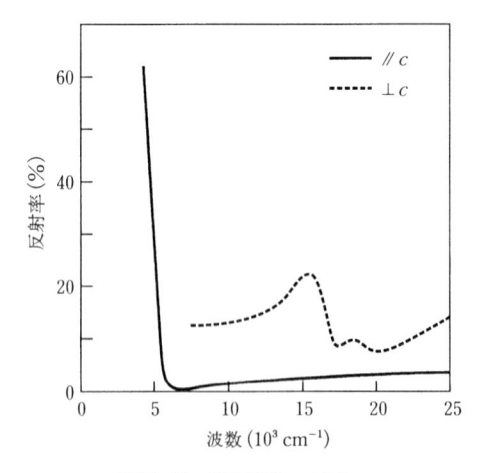

図 11.18 偏光光子スペクトル
(K. Yakushi, *et al*., Bull. Chem. Soc. Jpn., **62**, 687, 1989)

11.4 部分酸化型フタロシアニン錯体

なドルーデ型の分散曲線を与えた.これらの結果は $[Ni(Pc)](AsF_6)_{0.5}$ が室温付近で1次元金属であることを示している(図11.18).

$[M(Pc)](AsF_6)_{0.5}$ ($M=Co, Ni$) において中心金属の d 軌道とフタロシアニンの π 軌道がエネルギー的に近いために両軌道のつくる1次元バンド間で電荷のやりとりが起こることが見出された.圧力下でプラズモンの吸収が著しく減少して消滅し,また正孔の存在するときにのみ現れる Pc^- に特有な振動モードが消滅し,伝導電子の空準位が埋まった状態で強くなる Pc^{2-} に特有な振動モードが強くなることが観測された.すなわちフタロシアニンの伝導バンドの空準位が中心金属の d 電子の移動により,圧力で満たされていくのである.このような挙動は $[Ni(Pc)](AsF_6)_{0.5}$ で 0.5 GPa で起こり,$[Co(Pc)](AsF_6)_{0.5}$ で 1.1 GPa で起こり始める.この電荷移動の過程で伝導バンドが完全に埋めてしまわれると非金属状態へと転移する(図11.19).

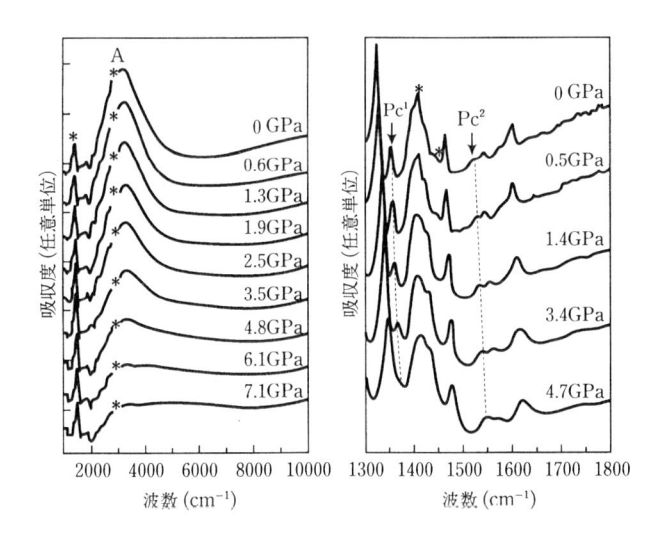

図11.19 $NiPc(AsF_6)_{0.5}$ におけるプラズモンと分子内振動の吸収スペクトル
右図の Pc^{1-} は環状配位子が1電子酸化を受けた状態でのみ現れる振動モードであり,Pc^{2-} は酸化されていない状態で現れる振動モードである.$NiPc(AsF_6)_{0.5}$ は常圧で部分酸化されているので,$Pc^{1.5-}$ である.また左図の A はプラズモンの吸収である.圧力をかけて Cu3d から Pc へ電荷移動が起こると,Pc の分子内振動は酸化されていないパターン(Pc^{2-})に近づき,正孔が消滅するためにプラズモンの吸収も減少していく.両図で * 印は圧力媒体による吸収である.

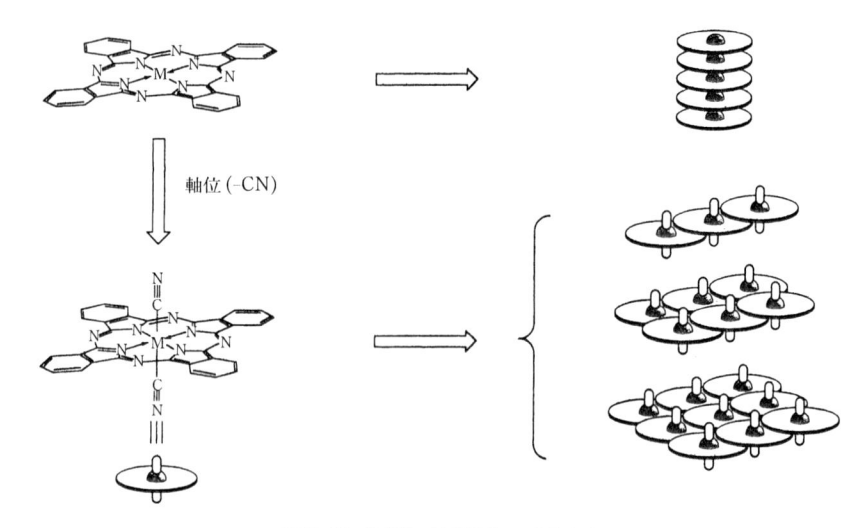

図 11.20 [M^{III}(Pc)(CN)$_2$]$^-$ の重なり方
(松田,博士論文,北海道大学,2001)

稲辺らは,軸位にシアノ基を有する TPP[M^{III}(Pc)(CN)$_2$]$_2$ (TPP = tetraphenylphosphonium cation ; M = Co, Fe) を合成した (図 11.20)[29]. 軸位に CN 基がついているためにフタロシアニン間は face-to-face で 1 次元に重なることができなくて,端のベンゼン環どうしで階段状に重なっている. [M(Pc)(CN)$_2$] は形式上,-0.5 価である. 軸位に配位子場の強い CN 基が配位しているために金属イオンは低スピン状態であり,Co^{3+} は非磁性であり,Fe^{3+} は $S=1/2$ である (図 11.21). 酸化はフタロシアニン上で起きており,そのために前者では伝導 π 電子が自由に動けるのに対して,後者では局在 d 電子と伝導 π 電子が相互作用するために,これらの物性を比較することは大変興味深い. Co 塩と Fe 塩は同型構造をとっている. しかし,伝導度や磁性に大きな差がみられる. 室温の電気伝導度は Co 塩で $10^2\,\Omega^{-1}\,\mathrm{cm}^{-1}$ であり,活性化エネルギーが $0.01\,\mathrm{eV}$ 以下の半金属に近い半導体である. 一方,Fe 塩は室温の伝導度が $5\,\Omega^{-1}\,\mathrm{cm}^{-1}$ であり,活性化エネルギーは 150 K 付近で 0.023 eV,55 K 付近で 0.016 eV,30 K 以下で 0.030 eV の半導体的である (図 11.22). 熱起電力の測定から両化合物ともに伝導電子はフタロシアニン上の π

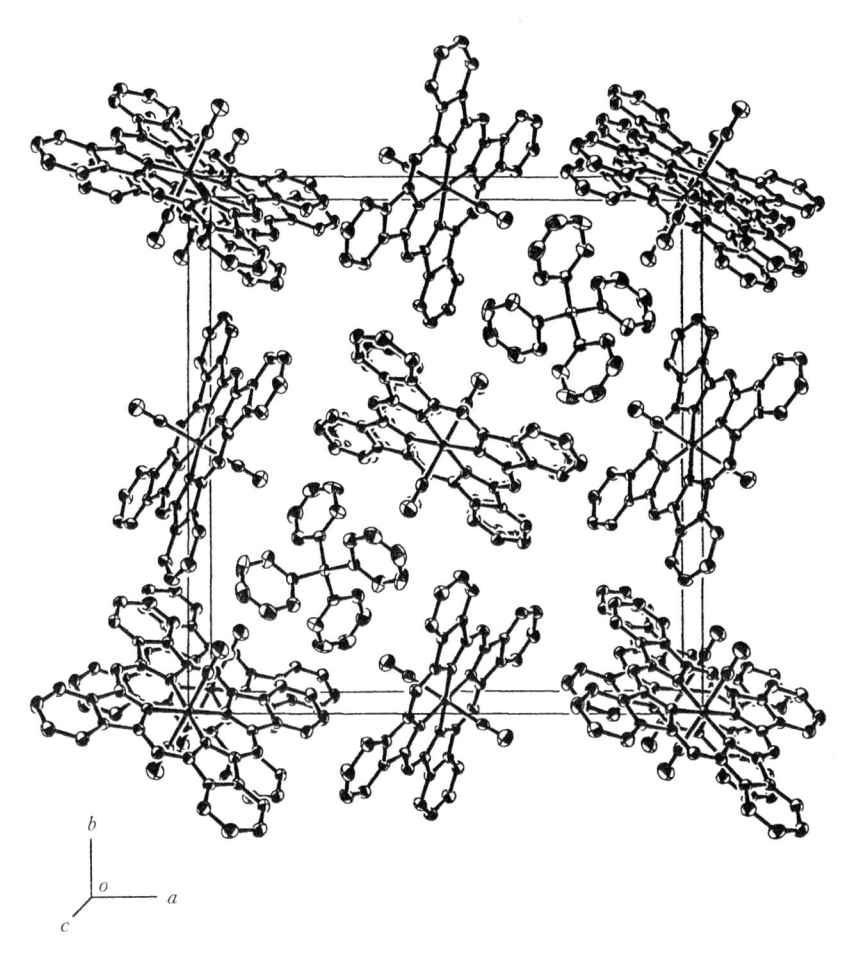

図 11.21 TPP[Fe^{III}(Pc)(CN)$_2$] の構造
(松田,博士論文,北海道大学,2001)

電子に帰属される.Co 塩の磁化率はほとんど温度に依存しないパウリ常磁性的な振舞いをしており,伝導性と一致している.Fe 塩の磁化率は大きく温度変化をしている.磁性源は Fe^{3+} の $S=1/2$ とフタロシアニン上の π 電子の $S=1/2$ である.高温部ではキュリー的な振舞いをしている.低温領域では 20 K に異常が観測される.磁化率のこの異常は反強磁性的な相互作用のためで

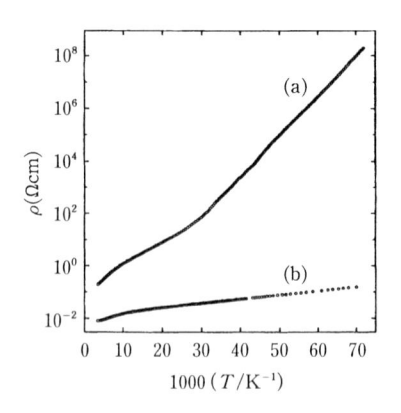

図 11.22 抵抗，(a) TPP[Fe^{III}(Pc)(CN)$_2$]$_2$，
(b) TPP[Co^{III}(Pc)(CN)$_2$]$_2$
(松田，博士論文，北海道大学，2001)

ある．Fe(III)⋯Fe(III)間の距離は 7Å あるためにフタロシアニン上の π 電子を介した RKKY 相互作用である．まさに π-d 相互作用である．50 K 以下で 1次元性の強い巨大磁気抵抗が観測される．これは局在 d 電子と遍歴 π 電子の相互作用によるものであり，強い π-d 相互作用が巨大磁気抵抗の原因である．この現象は 1 次元近藤効果の可能性もある．

11.5 部分酸化型ポルフィリン金属錯体[30]

フタロシアニン配位子によく似た π 電子共役配位子としてポルフィリンが有名である (図 11.23)．1, 4, 5, 8, 9, 12, 13, 16-octamethyltetrabenzoporphyrin のニッケル錯体 ([Ni(OMTBP)]) をヨウ素で酸化することにより，[Ni(OMTBP)]I$_{1.08}$ と [Ni(OMTBP)]I$_{2.91}$ の 2 種類の部分酸化型錯体が得られた．前者の構造解析が行われたが，[Ni(Pc)]I のような構造をして，[Ni(OMTBP)] が 1 次元に積み重なり，それに平行にヨウ素の 1 次元鎖が観測された．ヨウ素原子はディスオーダーしている．しかしメチル基のために [Ni(OMTBP)] は平面からずれ，そのために Ni-Ni 間距離は [Ni(Pc)]I の時

11.5 部分酸化型ポルフィリン金属錯体

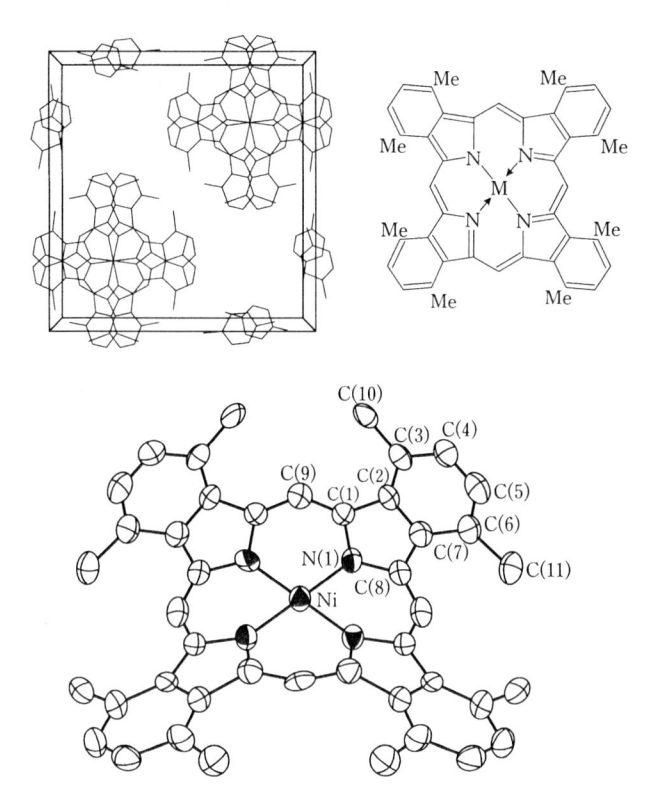

図 11.23 Ni(OMTBP) の構造

の 3.224Å から 3.778Å に伸びている.

共鳴ラマン・スペクトルの結果，ヨウ素は両化合物ともに I_3^- であり，そのために化学式は $[\text{Ni(OMTBP)}]^{+0.36}(I_3^-)_{0.36}$ および $[\text{Ni(OMTBP)}]^{+0.97}(I_3^-)_{0.97}$ となる (図 11.24). 単結晶の電気伝導度測定の結果，両化合物ともに室温付近で金属的な振舞いをし，それより低い温度で幅広い金属-半導体転移を示す (図 11.25). [Ni(Pc)]I とは振舞いが違っている. ESR の測定の結果，ラジカルが観測されたことから酸化は配位子のポルフィリン上で起きていることが明らかになった. 磁化率の温度変化の測定の結果，スピン間の相互作用は非常に弱いことが明らかになった.

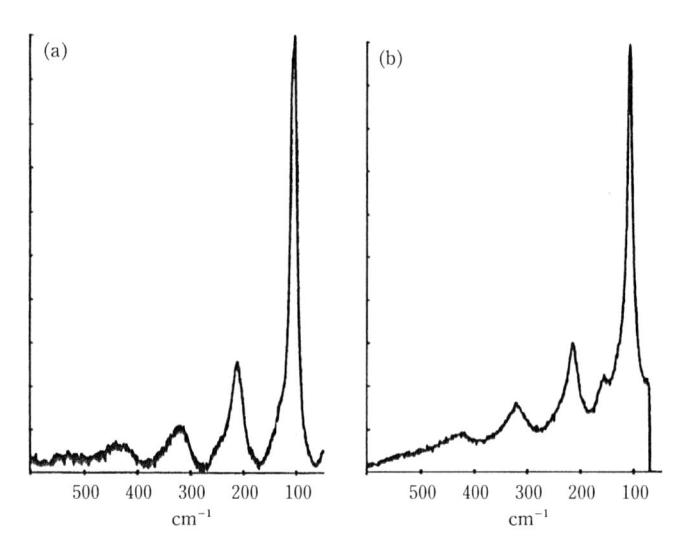

図 11.24 共鳴ラマン・スペクトル，(a) Ni(OMTBP)(I$_3$)$_{0.36}$，(b) Ni(OMTBP)(I$_3$)$_{0.97}$
(J. S. Mitter, Extended Linear Chain Compounds Ⅰ)

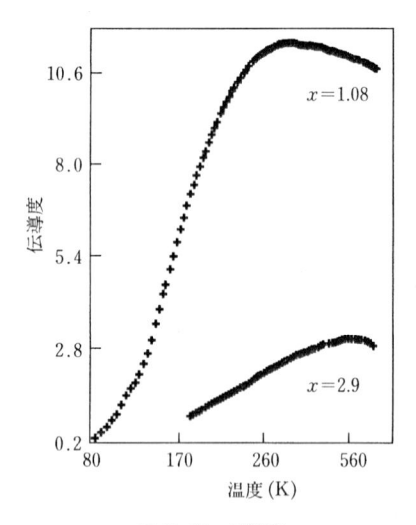

図 11.25 伝導度
(T. E. Phillips et al., J. Am. Chem. Soc., **99**, 7734, 1977)

12
π-d（閉殻）局在複合電子系

12.1 (TMTSF)$_2$X(X=PF$_6^-$, AsF$_6^-$, SbF$_6^-$, ReO$_4^-$, FSO$_3^-$, ClO$_4^-$)

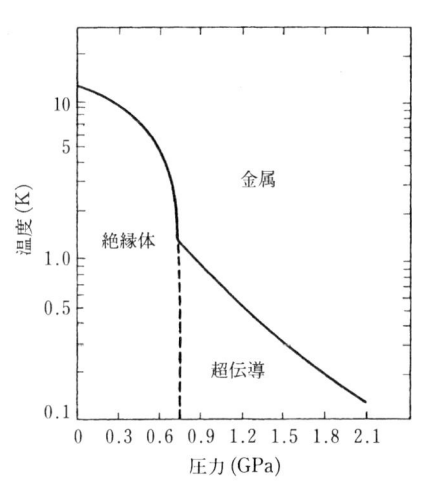

1979年，Bechgaardらは(TMTSF)$_2$Xで表される電荷移動型錯体の研究に着手し，1980年に12 kbarの圧力下において世界で最初の有機超伝導体(TMTSF)$_2$PF$_6$(T_c=0.9 K)を発見した（図12.1)[31]．この物質は常圧下では12 Kまでは金属的挙動を示すがそれより低温では絶縁化する．絶縁相はスピン密度波相である．この物質に圧力をかけると絶縁相が消えて超伝導相が現れる．その後，超伝導を示す一連の化合物(TMTSF)$_2$X(X=PF$_6^-$, AsF$_6^-$, SbF$_6^-$,

図12.1 (TMTSF)$_2$PF$_6$の圧力・温度相図
(D. Jerome, *et al*., J. Phys. Lett., **41**, L95, 1980)

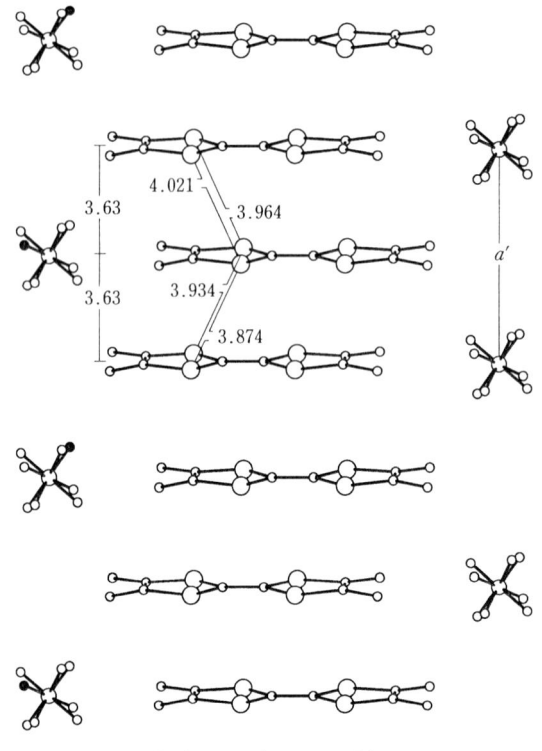

図 12.2 (TMTSF)$_2$ClO$_4$ の積層の側面図

ReO$_4^-$, FSO$_3^-$, ClO$_4^-$) を圧力下で発見した．1981年，常圧下で最初の物質 (TMTSF)$_2$ClO$_4$ が報告された (図 12.2)．常圧超伝導体の (TMTSF)$_2$ClO$_4$ でも試料を急冷すると SDW 状態が安定化されるし，4 T 以上のいわゆる強磁場下でいわゆる「磁場誘起 SDW 相」が現れるなど，SDW 状態と超伝導相は密接な競合状態にあることは確かである．(TMTSF)$_2$X は平面状の TMTSF 分子が積層してできるカラムに沿って電気伝導が生じるために電子状態的に 1 次元的な色彩の強い物質群である．(TMTSF)$_2$X がバルクの超伝導体であることは，完全反磁性の測定 (マイスナー効果) により確かめられている．超伝導は磁気特性により第 1 種と第 2 種に分けられるが，これまで知られている有機超伝導体は第 2 種に属し，完全反磁性が壊れ始める臨界磁場 (下部臨界磁場)

H_{c1} と電気抵抗が有限の値をとり始める磁場 (上部臨界磁場) H_{c2} で特徴づけられる．有機超伝導体は低次元であるために H_{1c} と H_{c2} に著しい異方性がみられる．

TMTSF 塩はいずれもカウンターイオンは無機塩の閉殻系であり，遷移金属をもつ化合物は知られていない．これらは「第 1 世代の有機超伝導体」とよばれている．

12.2　BEDT-TTF 塩

BEDT-TTF 分子は TMTSF 分子同様，TTF を修飾した分子ではあるが，分子の長軸方向の長さが TMTSF 分子より長いため，隣り合った BEDT-TTF カラム間には S 原子上の π 電子どうしの重なりによる相互作用が生じやすくなる．その結果，アニオン分子と電荷移動型錯体 (BEDT-TTF)$_2$X をつくりやすく，2 次元的な電子構造をもつものが多い．BEDT-TTF 分子は TMTSF 分子のように平面ではなくて，長軸両端にあるエチレン基 ($-(CH_2)_2-$) がねじれる傾向にあるので結晶構造に多型が多く存在する．結晶構造の違いは $\alpha, \beta, \gamma, \cdots$ で区別され，これらのなかで超伝導を示しやすいのは β 型と κ 型である．β 型の (BEDT-TTF)$_2$X では常圧下で超伝導が現れるのが少なくない．最初の超伝導が見つけられたのは (BEDT-TTF)$_2$ReO$_4$ である．圧力下で超伝導相が観測され温度，圧力相図も (TMTSF)$_2$X に似ているが，絶縁相はアニオンの秩序化に関係しており，SDW の出現によるものではない．これまでにカウンターイオンとしては最初の頃は Cl, Br, I, ClO$_4$, PF$_6$, BF$_4$, ICl$_2$, I$_2$Br, IBr$_2$, IClBr, AsF$_6$, SbF$_6$, などの閉殻無機塩が多かった．その後，遷移金属からなる錯体アニオンを対イオンとして使われるようになり，化合物の数は飛躍的に増え超伝導体，金属，半導体，絶縁体を含めて 200 種を超えている．しかしながら超伝導になるものはハロゲンイオンのほかに Cu(CN)$_2$, Ni(CN)$_4$, Ag(CN)$_2$, Au(CN)$_2$ など，いずれも閉殻構造のシンプルなものであった．斉藤らは BEDT-TTF 1 分子あたりの体積が増えると超伝

導の T_c が上昇するという設計指針の基に T_c が 10 K を超える Cu(NCS)$_2$ 塩の合成に成功した．その後，さらに高い T_c をもつ Cu(N(CN)$_2$)Br，Cu(N(CN)$_2$)Cl 塩が米国チームから発表された．これらはいずれも κ 型の BEDT-TTF 配列をもち，層状構造をして，アニオン錯体分子が 2 次元状に高分子化する傾向があるのが特徴である．これらは「第 2 世代の超伝導体」とよばれているが，いずれもカウンターアニオンは閉殻構造であり，絶縁層を形成している．

12.2.1　(BEDT-TTF)$_2$Cu(NCS)$_2$

斉藤らにより合成された T_c が 10 K を超す超伝導体 (BEDT-TTF)$_2$Cu(NCS)$_2$ は κ-I$_3$ 塩によく似ており，2 量化した BEDT-TTF がほぼ垂直に bc 面内に 2 次元伝導層を形成している[32]．カウンターイオンの Cu(NCS)$_2$ は直線ではなく，SCN-Cu-NCS が Y 字型の両サイドから配位し，もう 1 サイトに隣りの S 原子が配位している．Cu は 1 価で，それを 3 個の SCN 基が N, N, S で平面 3 配位し，b 軸方向に 1 次元ジグザグポリマーを形成している．Cu(NCS)$_2$ ポリマー内の長鎖を形成する NCS 基の N と S はその上下にある BEDT-TTF 分子のエチレン基と水素結合をつくっている (図 12.3)．この化合物の超伝導は最初，磁化率により証明された．静磁化率は室温から 10 K まで金属状態であり，9.8 K で超伝導体化し，約 2 K で完全反磁性の約 80% を示す．交流磁化率によると 10.3 K で超伝導体化し，7 K でほぼ 100% の完全反磁性体となる．超伝導転移にともなう電気抵抗変化の中点で定義する T_c は 10.2～10.4 K である．構造的な 2 次元性は伝導性に反映している．bc 面内の室温の電気伝導度は 10～20 Ω^{-1}cm^{-1} であるが，それに垂直な絶縁相を横断する方向では約 600 倍伝導度が悪い．電気抵抗は室温から 100 K まで半導体的な挙動をし，なだらかな山をもちそれ以下の温度で金属的な挙動に変わり，10 K 付近で超伝導体になる (図 12.4)．縦磁気抵抗測定で約 1 K 以下，8 T 以上でシュブニコフード・ハース (Shubnikov-de Haas, SdH) 振動がみられる．これは金属状態にある電子が 2 次元 bc 面内でサイクロトロン運動をしているこ

12.2 BEDT-TTF塩

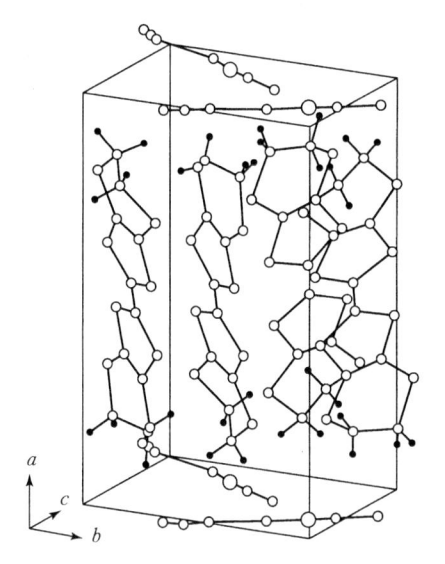

図 12.3 κ-(BEDT-TTF)$_2$Cu(NCS)$_2$ の結晶構造
(H. Urayama, *et al.*, Chem. Lett., **55**, 1988)

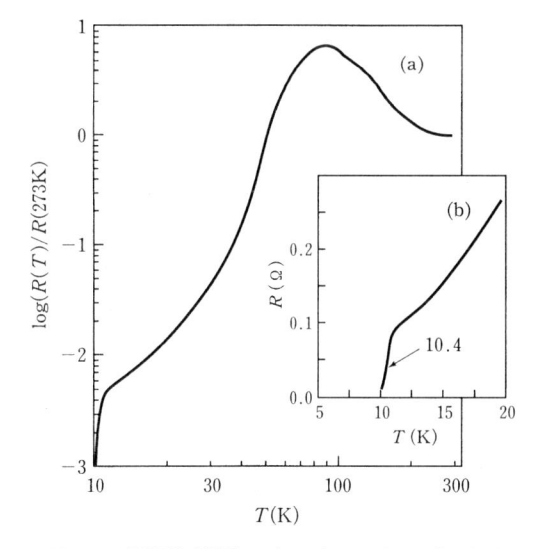

図 12.4 κ-(BEDT-TTF)$_2$Cu(NCS)$_2$ の抵抗の温度依存性と超伝導転移 (b)
(Urayama, *et al.*, Chem. Lett, **55**, 1988)

とを示す．超伝導は「第2種」で，上部臨界磁場は面内方向できわめて大きく，5Kで15Tを超える．下部臨界磁場は面内で1G (0.1 mT, 5Kでの値)程度である．超伝導のコヒーレンスの長さは面内で垂直方向の約20倍，垂直方向では分子面の間隔程度 (~10Å) しかない．強い2次元的異方性をもつ超伝導である．

12.2.2 $(BEDT-TTF)_2Cu[N(CN)_2]X(X=Cl, Br)$ [33)]

米国の Williams らのグループは斉藤の指摘した，より高い T_c をもつ超伝導体の合成指針であるより大きな高分子化したアニオンを使うという点に注目して，アニオンとして $Cu[N(CN)_2]Br$ をもつ超伝導体 $(BEDT-TTF)_2Cu[N(CN)_2]Br$ の合成に成功した．構造は $(BEDT-TTF)_2Cu(NCS)_2$ と同じ κ 相で2量化している(図12.5)．2量体どうしは74.5°傾いている．2量体中のS...S相互作用は弱いが2量体間のS...S相互作用はファンデルワールス半径より短い．BEDT-TTF の両端のエチレン基はディスオーダーしている．カウンターイオンの $Cu[N(CN)_2]Br$ は Cu イオンに NCNCN が N で架橋しながら配位し，3配位座に Br が配位しており，1次元ジグザグ構造をしている．

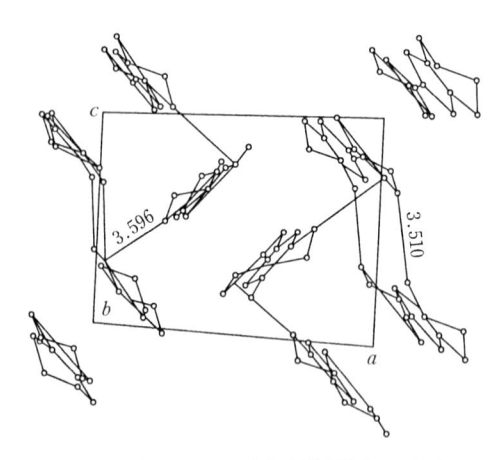

図12.5 $(BEDT-TTF)_2Cu[N(CN)_2]Br$ の構造
(A. M. Kini, *et al.*, J. Am. Chem. Soc., **29**, 2555, 1990)

12.2 BEDT-TTF塩

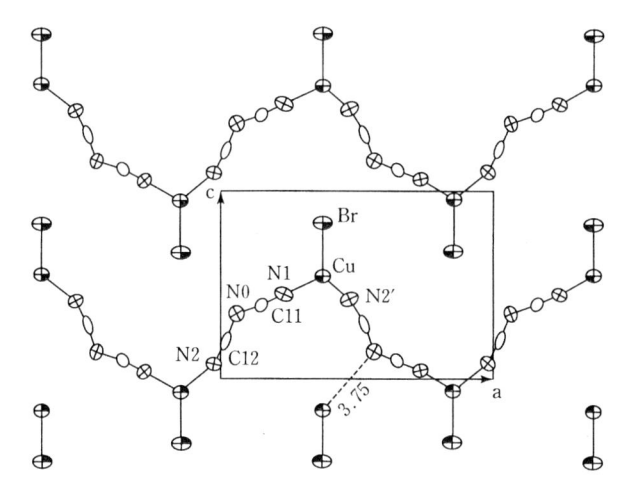

図 12.6 Cu[N(Cu)$_2$]Br の構造
(A. M. Kini, et al., J. Am. Chem. Soc., **29**, 2555, 1990)

Cu の周りは平面 3 配位であり価数は +1 価である (図 12.6). このことは ESR の結果とも一致している. 伝導層の BEDT-TTF と絶縁相の Cu[N(CN)$_2$]Br が b 軸に沿って交互に重なっている. ESR の線幅は 56 G (300 K) から 74 G (100 K) へと低温になるにつれて広くなっている. スピン磁化率はこの温度領域ではほぼ一定であり, 金属的な性質と一致している. 室温の電気伝導度は 48 S cm^{-1} であり, 300〜225 K で金属的であり, それ以下では 100 K 付近まで活性化エネルギーが 〜6 meV の弱い半導体であるが, それ以下で金属的になり, T_c = 11.60 K で超伝導になる. このことは磁化率の測定からも確かめられた. バンド計算の結果, この化合物は 2 次元金属である.

J. Williams らはより高い T_c をもつ超伝導体の合成を目指し, 斉藤らの設計指針をさらに展開して, カウンターアニオンとして Cu[N(CN)$_2$]Cl をもつ化合物 (BEDT-TTF)$_2$Cu[N(CN)$_2$]Cl を合成した. これは (BEDT-TTF)$_2$Cu[N(CN)$_2$]Br と同型構造をもつ κ 型である. 常圧下における室温の電気伝導度は 〜0.5 S cm^{-1} であり, 300 以下で活性化エネルギーが 12 meV をもつ半導体であるが, 50 K の所に大きな折れ曲がりがあり, それ以下では活性化エ

ネルギー～52 meV の半導体になる．つまり 50 K 付近で半導体-半導体転移がある．この化合物に 0.3 kbar 以上の圧力をかけると超伝導になる．T_c は 12.5 K であり，有機物超伝導体のなかで最高の値を示した．この T_c は圧力に負の依存性があり，-3.4 K/kbar の割合で減少していく．この傾向は (BEDT-TTF)$_2$Cu(NCS)$_2$ とほぼ同じ値である．バンド計算の結果，この化合物は 2 次元金属である．

13
π-d（開殻）電子系錯体

　先の章で述べたように，有機超伝導体のカウンターアニオンはハロゲンやClO_4などの無機塩や遷移金属を用いた場合でもせいぜい閉殻構造のCu(I), Ag(I), Au(I)の金属錯体であった．しかし，1990年代に入ってカウンターアニオンに遷移金属の開殻電子を導入し，有機分子上の伝導電子とカウンターイオンの遷移金属上の局在電子との相互作用により新しいπ-d電子相互作用に基づく物性探索が盛んに行われるようになってきた．

13.1　$(BEDT-TTF)_2MCo(SCN)_4$[34]

　4元系の$(BEDT-TTF)MM'(SCN)_4$ (M=Tl, Cs) は金属イオンの組合せにより半導体から超伝導まで知られている．$(BEDT-TTF)HgM'(SCN)_4$ (M'= Li, Na, K, Tl, NH_4, Rb, Cs) の金属イオンは閉殻構造であるがカチオンを変えることによりBEDT-TTFドナー分子の配列を制御することができる．その結果，物性に大きな影響を与えることができる．K, Tl, Rb塩は0.6Kまで金属的であるが，10KにSDW転移による異常が観測される．これらの化合物は2次元的な閉じたフェルミ面と1次元的な空いたフェルミ面をもっている．後者がネスティングを起こしたときにSDW転移が起きるわけである．一方，NH_4塩だけが0.8Kで超伝導を示すが，これはたぶんに水素結合が関係していると考えられる．LiとCs塩はそれぞれ170Kと210Kまで金属的である．つぎに$(BEDT-TTF)_2MM'(SCN)_4$(M=K, Rb, Cs, Tl；M'=Co, Zn, Cd) が合成された．このなかでCoは2価でd^7であるから不対電子をもつ．α-

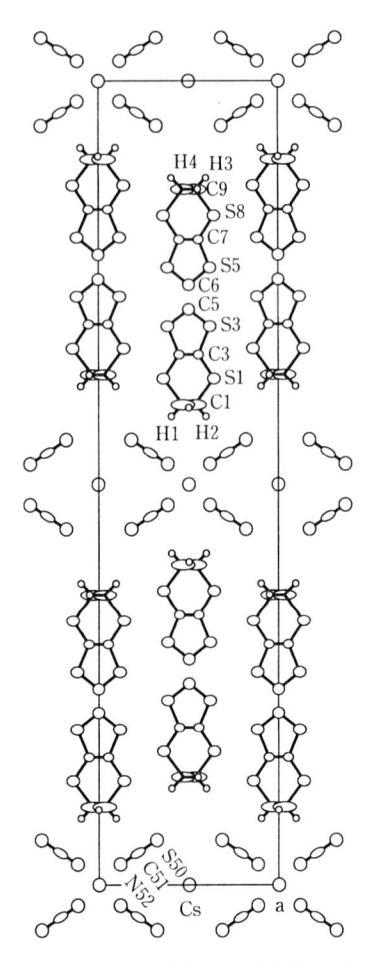

図 13.1 (BEDT-TTF)$_2$CsCo(SCN)$_4$ の構造
(H. Mori, *et al.*, Bull. Chem. Soc. Jpn., **68**, 1136, 1995)

(BEDT-TTF)$_2$CsCo(SCN)$_4$ は 20 K まで弱い金属的な挙動をし，それ以下で半導体へ転移をする．圧力をかけるとむしろ抵抗が増加する．BEDT-TTF 分子の C=C 距離と C-S 距離から BEDT-TTF 分子の電荷は $+1/2 \sim +2/3$ である．Co^{2+} は 4 個の NCS 分子が N で四面体的に配位している（図 13.1）．Cs$^+$ は 8 個の S 原子に囲まれて，2 次元シートをつくっている．Co^{2+} は 20 K

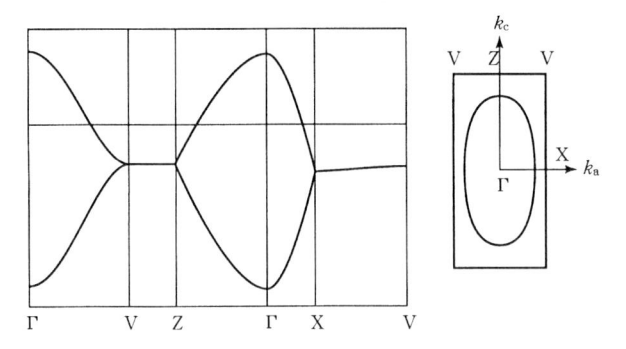

図 13.2 (BEDT-TTF)$_2$CsCo(SCN)$_4$のバンド構造
(H. Mori, *et al.*, Bull. Chem. Soc. Jpn., **68**, 1136, 1995)

付近で反強磁性的な秩序を示す．拡張ヒュッケル法から得られたフェルミ面は金属的であり，20 K まで金属的であることと一致している (図 13.2)．また 20 K における半導体転移は Co^{2+} 間の反強磁性的な秩序と一致している．

また森らは θ-(BEDT-TTF)$_2$MM'(SCN)$_4$(M=Cs, Rb, Tl ; M'=Co, Zn) を合成した．金属-半導体転移の温度が，体積が減少するにつれて上昇するという負の化学圧力を見出している．転移温度は Cs-Co で 20 K，Rb-Co で 190 K，Tl-Co で 250 K である．θ-(BEDT-TTF)$_2$RbCo(SCN)$_4$ の結晶解析の結果，金属-半導体転移する 190 K で格子に変調が観測されている．

13.2　(BEDT-TTF)$_2$FeCl$_4$ と (BEDT-TTF)FeBr$_4$

Day らにより Fe^{3+}(d^5) をカウンターアニオンにもつ (BEDT-TTF)$_2$FeCl$_4$ と (BEDT-TTF)FeBr$_4$ が合成された[35]．FeCl$_4^-$ 塩において BEDT-TTF 分子は 2 量化しながらジグザグに 1 次元的に重なっており，それらは FeCl$_4^-$ で分離されている (図 13.3)．隣り合う BEDT-TTF の S-S 間距離はファンデルワールス半径の和よりも短い．BEDT-TTF は +1/2 価である．室温の電気伝導度は 10^{-2} S cm^{-1} であり，活性化エネルギーが 0.21 eV をもつ半導体である．磁化率は 5～300 K までキュリー-ワイス則に従い，磁気モーメントは 6.1

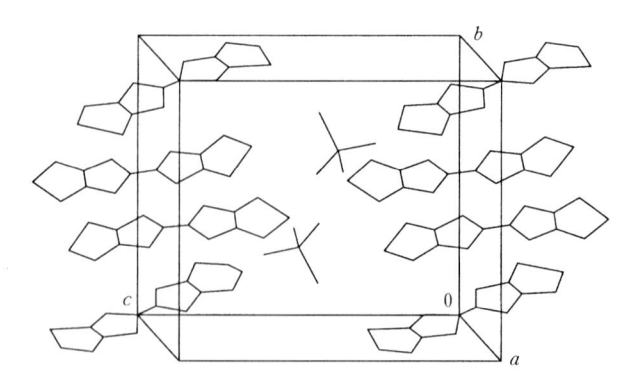

図 13.3 (BEDT-TTF)$_2$FeCl$_4$
(P. Day, *et al.*, J. Chem. Soc., Dalton Trans., 859, 1990)

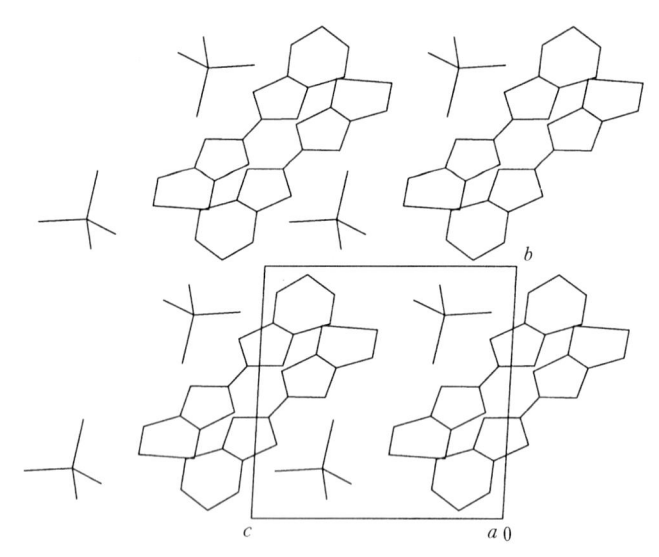

図 13.4 (BEDT-TTF)FeBr$_4$
(P. Day, *et al.*, J. Chem. Soc., Dalton Trans, 859, 1990)

BM であり d^5(S=5/2) に一致している．FeCl$_4^-$ 間や BEDT-TTF との相互作用はほとんど観測されなかった．FeBr$_4^-$ 塩はドナーとアニオンが 1：1 の珍しいラジカル塩である．このため BEDT-TTF は +1 価である．このことは C=C 距離や C-S 距離からも確かめられている．ファンデルワールス半径の和

より短い S-S 接触がなく，BEDT-TTF 分子はほぼ孤立している (図 13.4)．そのために室温の電気伝導度は $10^{-6}\,\mathrm{S\,cm^{-1}}$ の絶縁体である．磁化率もキュリー–ワイス則に従い，磁気モーメントも 5.9 BM であり $d^5(S=5/2)$ に一致しており，$FeBr_4^-$ 間や BEDT-TTF との相互作用はほとんど観測されなかった．

13.3　$(BEDT\text{-}TTF)_3Cu^{II}Cl_4 \cdot H_2O$[36)]

BEDT-TTF 分子はお互いに 1 次元的に積層しており，電荷は $+2/3$ である．アニオンは $[Cu^{II}Cl_4 \cdot H_2O]_2$ のように 2 量化しており Cu^{II} は歪んだ四面体構造をしている (図 13.5)．電気伝導度は 200 mK まで金属的である (図 13.7)．伝導度の異方性は $7:1\,(140:20\,\mathrm{S\,cm^{-1}})$ である．これらの結果はバンド計算の結果と一致している (図 13.6)．ESR は局在 Cu^{2+} イオンによるものと伝導電子によるものの重ね合わせであり，前者の g 値は 4 K から 300 K になるにつれて減少していくのに対して，後者の g 値は温度に依存しない．線幅は同じ温度範囲でそれぞれ 25% と 90% 増加する．300 K～30 K の範囲で Cu^{2+} によ

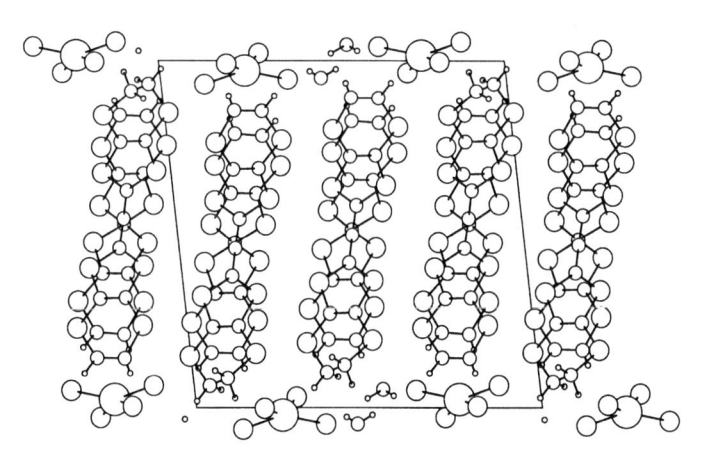

図 13.5　$(BEDT\text{-}TTF)_3CuCl_4 \cdot H_2O$ の構造
(P. Day, *et al.*, J. Am. Chem. Soc., **114**, 10722, 1992)

図 13.6 バンド構造
(P. Day, *et al.*, J. Am. Chem, Soc., **114**, 10722, 1992)

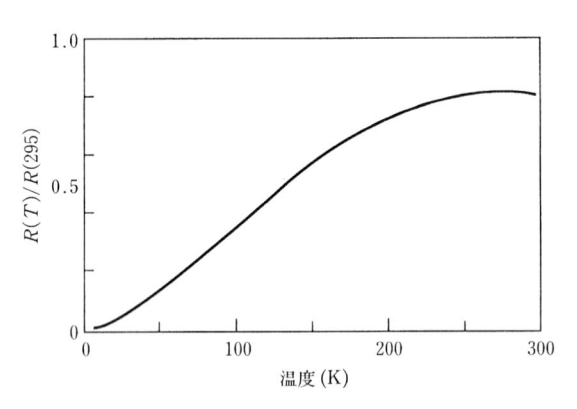

図 13.7 (BEDT-TTF)$_3$CuCl$_4$·H$_2$O の抵抗
(P. Day, *et al.*, J. Am. Chem. Soc., **114**, 10722, 1992)

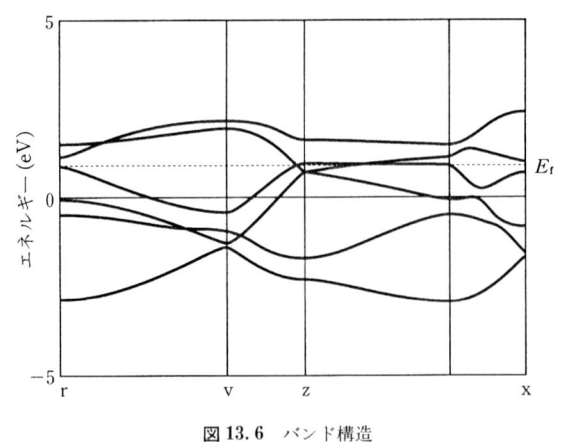

る磁化率はキュリー–ワイス則に従い,伝導電子はパウリ磁性である.30 K 以下で伝導電子によるシグナルの強度が室温に比べて 30% 減少する.これは局在電子と伝導電子間に弱い相互作用があるためである.単結晶の反射スペクトルの結果金属的な反射が観測された (図 13.8).

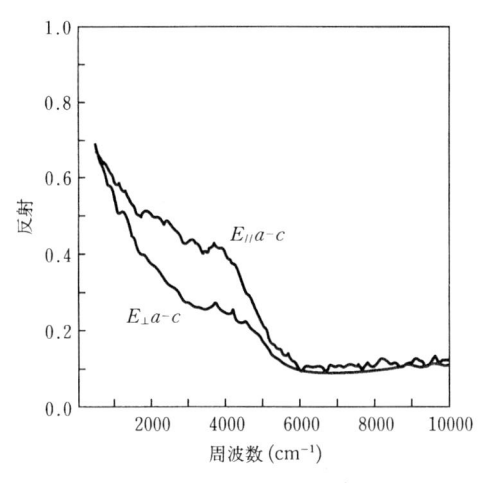

図 13.8 単結晶反射スペクトル
(P. Day, *et al*., J. Am. Chem. Soc., **114**, 10722, 1992)

13.4 $(BEDT-TTF)_6Cu_2Br_6$

結晶学的に独立した2種類の BEDT-TTF 分子が2:1の比で存在しており，それぞれの価数は +3/4 価と 0 価である．ドナー間の円筒状の空間に $Cu^{II}Br_4^{2-}$ と $Cu^{I}Br_2^{-}$ がランダムに存在している Cu(I)-Cu(II) 混合原子価錯体である．反強磁性の長距離秩序が 7.5 K で観測される (図 13.9)[37]．59 K での金属-半導体転移は 5 kbar 加圧で 100 K に上昇するが，この相転移は Cu(II) まわりの Br^- イオンのヤーン-テラー効果によるものである．このことから局在 Cu(II) イオンの電子と BEDT-TTF 上の π 電子間に相互作用が存在することがわかった．

13.5 β''-$(BEDT-TTF)_3MnCl_4(1, 1, 2-C_2H_3Cl_3)$[38]

内藤らは $MnCl_4^{2-}(d^5)$ をカウンターアニオンにもつ β''-$(BEDT-TTF)_3$ $MnCl_4(1, 1, 2-C_2H_3Cl_3)$ を合成した．構造は 2 次元の BEDT-TTF シートと絶

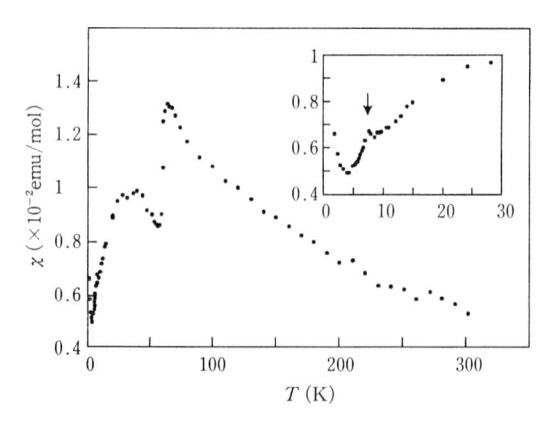

図 13.9 (BEDT-TTF)$_6$Cu$_2$Br$_6$ の磁化率
(K. Suzuki, *et al*., Synth. Met., **55**, 2191, 1993)

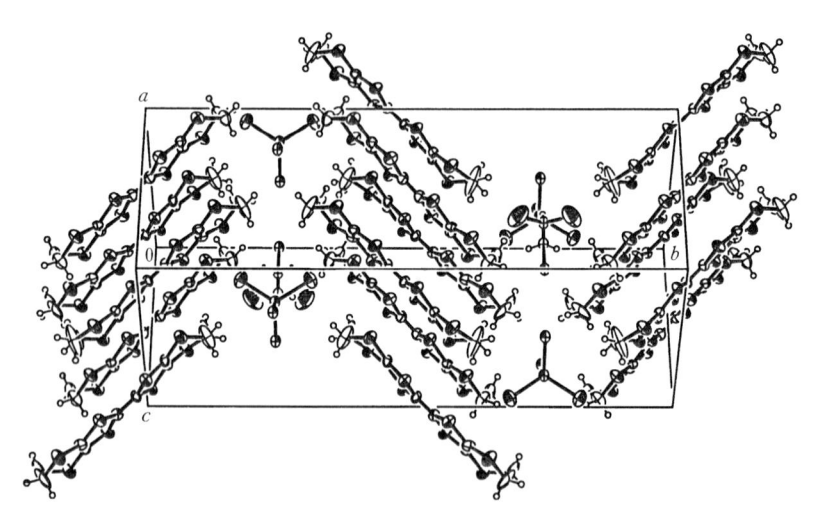

図 13.10 β''-(BEDT-TTF)$_3$(MnCl$_4$)(TCE) の構造
(T. Naito, *et al*., J. Mater. Chem., **11**, 2221, 2001)

縁相の MnCl$_4^{2-}$ と 1, 1, 2-C$_2$H$_3$Cl$_3$ が交互に重なっている (図 13.10). バンド計算からは金属か半金属を予想させた. また, 単結晶の反射スペクトルや ESR のスピン磁化率の温度変化からも金属的挙動を示唆したが, 室温の電気伝導度は $\sigma_{RT}=35$ S cm^{-1} で活性化エネルギー $E_a=0.023$ eV の半導体である.

300 K～4.5 K の磁化率は伝導 π 電子と Mn(II) の局在モーメント ($S=5/2$) の合計でほぼ理解される．

13.6 (BEDT-TTF)$_2$[Mn$_2$Cl$_5$(EtOH)][39]

吉野と山下らは Mn(II)-Cl の１次元鎖と BEDT-TTF の１次元積層から構成されている (BEDT-TTF)$_2$[Mn$_2$Cl$_5$(EtOH)] を合成した．Mn-Cl 鎖は [Mn$_2$Cl$_5$(EtOH)]$^-$ で表すことができ，2個の Mn^{2+} と Cl$^-$ が梯子型格子を構成している．残りの Cl$^-$ と EtOH が端から Mn-Cl 鎖をキャップしている (図 13.11)．BEDT-TTF 分子は Mn-Cl 鎖の間を平行に積層しており，BEDT-TTF 分子間の S-S 間距離は 3.44～3.60 Å である．結晶構造およびラマン・スペクトルから BEDT-TTF の価数は +1/2 であることがわかっている．高温では常磁性であるが低温になるにつれて反強磁性的相互作用が働いている (図 13.12)．電気伝導度は室温で 21 S cm^{-1} であり低温になるにつれて上昇し，2.0 K で 1719 S cm^{-1} の金属的挙動を示している (図 13.13)．つまり，反強磁性的相互作用と金属状態が共存している興味深い系である．

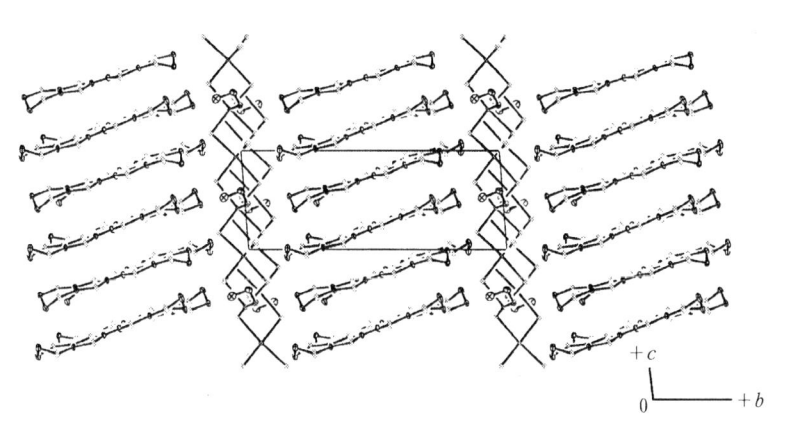

図 13.11 (BEDT-TTF)$_2$[Mn$_2$Cl$_5$(EtOH)] の構造
(H. Miyasaka, *et al.*, J. Solid State Chem., **168**, 418, 2002)

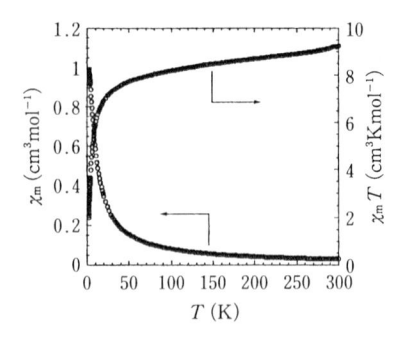

図 13.12 磁化率
(H. Miyasaka, *et al*, J. Solid State Chem., **168**, 418, 2002)

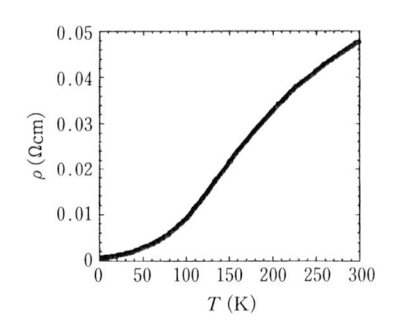

図 13.13 抵抗
(H. Miyasaka, *et al*, J. Solid State Chem., **168**, 418, 2002)

13.7 (BEDT-TTF)$_3$(MnCl$_3$)$_2$(C$_2$H$_5$OH)$_2$

内藤らは，2次元的に重なった BEDT-TTF 分子層と1次元的な磁性層 MnCl$_3$ から構成されている (BEDT-TTF)$_3$(MnCl$_3$)$_2$(C$_2$H$_5$OH)$_2$ を合成した[40]．MnCl$_3$ は面共有の八面体型構造をしている．そのような構造は無機物のヘキサゴナルペロブスカイト型構造に似ており，フラストレートした三角格子として有名である．磁性は伝導電子からくるパウリ磁性と Mn^{2+}(S=5/2) の合計でほぼ説明されるが，Mn^{2+}(S=5/2) 間に非常に弱い反強磁性的相互作用が働いている．室温で抵抗が 0.04 Ωcm であるが，4 K で 10 Ωcm であり，半導体で

ある.

13.8 (BEDT–TTF)$_8$(Mn^{II}Br$_4$)$_2$(1,2-dichloroethane) と (BEDT–TTF)$_3$Mn^{II}Br$_4$

両化合物において BEDT–TTF 分子は積層構造をとっており,その層間に MnBr$_4$ が離れて存在している (図 13.14)[41]. 伝導挙動はいずれも半導体であるが室温の伝導度と活性化エネルギーは前者で $\sigma_{RT}=15.0\,\mathrm{S\,cm^{-1}}$, $E_a=81\,\mathrm{meV}$,

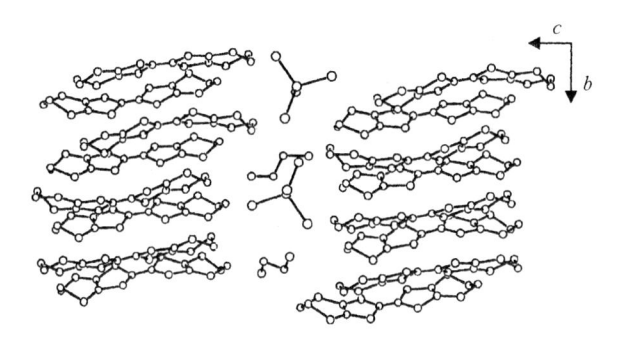

図 13.14 (BEDT–TTF)$_8$(MnBr$_4$)$_2$(DCE)$_2$ の構造
(R. Kanehama, *et al.*, Synth. Met., **135**, 633, 2003)

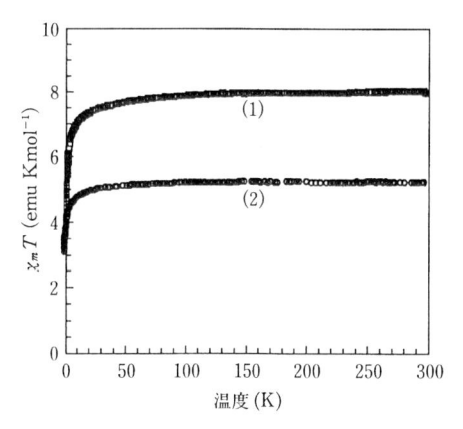

図 13.15 $\chi_m T$ の温度変化
(1) (BEDT–TTF)$_8$(MnBr$_4$)$_2$(DCE), (2) (BEDT–TTF)$_3$MnBr$_4$

後者で $\sigma_{RT}=10.5\,\mathrm{S\,cm^{-1}}$, $E_a=74\,\mathrm{meV}$ である．これらはいずれも Mn(II) 上のスピンによる反強磁性的相互作用を示すが Mn-Mn 距離が前者で 7.28 Å であり後者で 10.12 Å であり，直接的な相互作用は考えにくく，短い距離にある Br...S を介した d-π 相互作用によるものであると考えられている (図 13.15)．

13.9　κ-(Et$_4$N)(BEDT-TTF)$_4$[M(CN)$_6$]·3H$_2$O(M=Co^{III}, Fe^{III}, Cr^{III})[42]

電気伝導度はいずれも半導体であり ($\sigma_{300}=0.2\sim10\,\mathrm{S\,cm^{-1}}$)，これらの化合物はすべて同型構造である (図 13.16)．240 K と 150 K で相転移が観測された．室温での結晶解析の結果，BEDT-TTF の電荷は +0.5 であるが，215 K での結晶解析の結果，BEDT-TTF の電荷が 0, +0.5, +1 となっていることが示された．150 K での相転移に関しては X 線では異常は観測されなかったが，比熱ではピークが観測され 1 次相転移であることが明らかになった (図 13.17)．

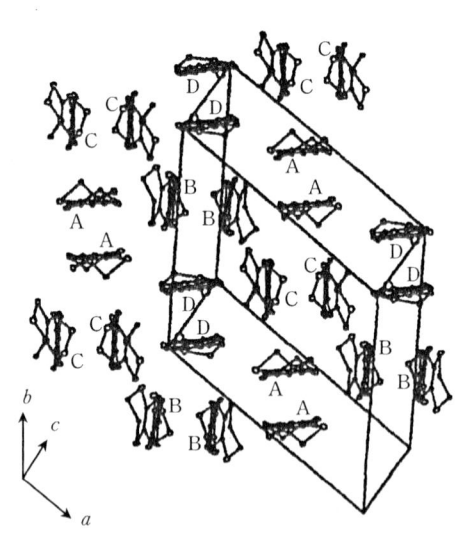

図 13.16　κ-(Et$_4$N)(BEDT-TTF)$_4$M(CN)$_6$·3H$_2$O (M=Fe^{III}, Cr^{III}) の 115 K の構造
(P. Magueres, et al., Synth. Met., **86**, 1859, 1997)

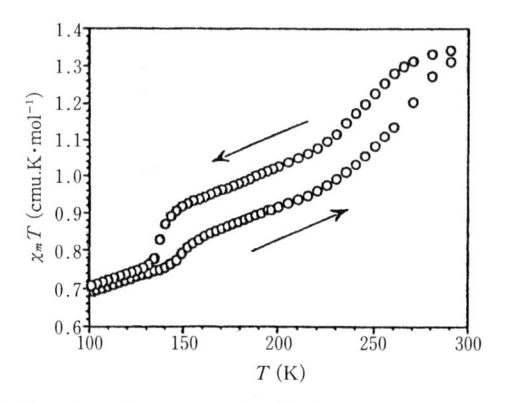

図 13.17 κ-$(Et_4N)(BEDT-TTF)_4Fe(CN)_6\cdot 3H_2O$ の $\chi_m T$ の温度変化
(P. Magweres, et al., Synth. Met., **86**, 1859, 1997)

13.10　$(BEDT-TTF)_4AFe(C_2O_4)_3\cdot C_6H_5CN(A=H_3O, K, NH_4)$[43]

Day らはカウンターアニオンとして $Fe^{3+}(d^5)$ を有する $[Fe(C_2O_4)_3]^{3-}$ からなる電荷移動錯体 $(BEDT-TTF)_4AFe(C_2O_4)_3\cdot C_6H_5CN(A=H_3O, K, NH_4)$ を合成した．これら3種の化合物はいずれもよく似た構造をしており，BEDT-TTF のカラムとヘキサゴナル空間に $[Fe(C_2O_4)_3]^{3-}$ と C_6H_5CN が交互に重なった層から構成されている（図 13.18）．A=K と NH_4 では BEDT-TTF の価数は $(BEDT-TTF)_2^{2+}$ と $(BEDT-TTF)^0$ からなっている．これらは半導体 $(\sigma=10^{-4}\,S\,cm^{-1}, E_a=0.14\,eV)$ で，磁性は $Fe^{3+}(S=5/2)$ によって支配されている．一方，A=H_3O は BEDT-TTF は β'' パッキングをとっており，$T_c\sim 7.03\,K$ で超伝導体となる（図 13.19）．磁性イオンをカウンターアニオンにもつ世界で初めての磁性超伝導体である．超伝導臨界温度以上での磁化率はパウリ常磁性とキュリー-ワイス定数の足しあわせで表される．転移温度以下では磁場侵入は磁化の大きさに依存している．超伝導下でも常磁性が共存している系である．

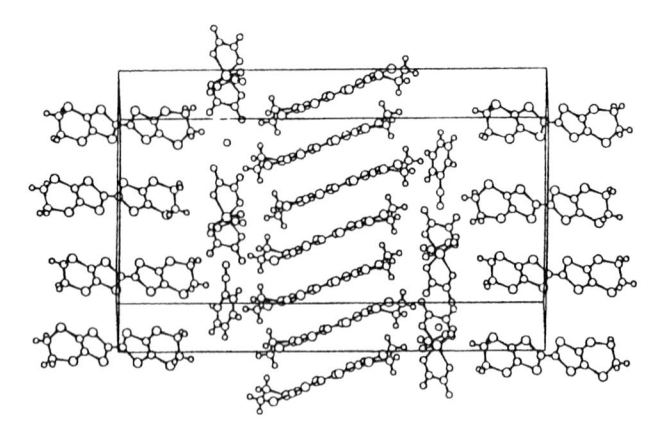

図 13.18 (BEDT-TTF)$_4$(H$_3$O)Fe(C$_2$O$_4$)$_3$·C$_6$H$_5$CN の構造
(M. Kurmoo, *et al.*, J. Am. Chem. Soc., **117**, 12209, 1995)

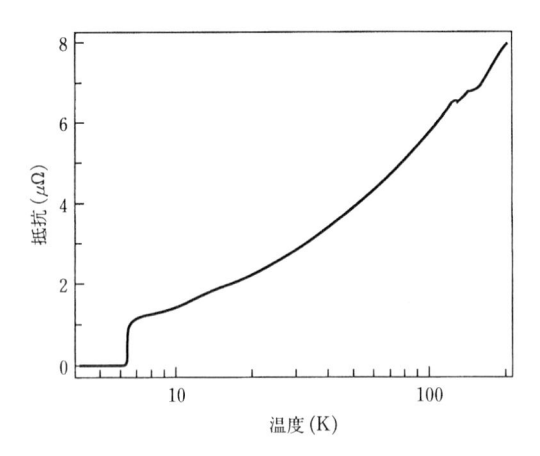

図 13.19 抵抗
(M. Kurmoo, *et al.*, J. Am. Chem. Soc., **117**, 12209, 1995)

13.11 (BEDT-TTF)$_4$(H$_3$O)Cr(C$_2$O$_4$)$_3$·C$_6$H$_5$CN[44]

上述の Fe 錯体と同じ β'' 構造をもっている. 超伝導転移温度は $T_c=6.0$ K であり, Fe 錯体よりも少し低い. Cr^{3+}($S=3/2$) であり常磁性とパウリ磁性をあわせた磁気挙動をしている. 世界で 2 例目の常磁性超伝導体である.

13.12 $(BEDT\text{-}TTF)_5[MM'(C_2O_4)(NCS)_8](MM'=Cr^{III}\text{-}Fe^{III}, Cr^{III}\text{-}Cr^{III})$[45]

構造は κ タイプに近く,いずれも半導体である(図13.20).BEDT-TTF ラジカル分子間の強い反強磁性的相互作用のためにこの BEDT-TTF 分子は磁性にはほとんど寄与していない.$Cr^{III}Cr^{III}$ 系は反強磁性的相互作用 ($J\sim-3.65$ cm^{-1}) であるのに対して,$Cr^{III}Fe^{III}$ 系は強磁性的相互作用 ($J\sim1.14$ cm^{-1}) をしている.$Cr^{III}Fe^{III}$ 系の磁化の磁場依存性は 2 K で $S=4$ の基底状態をもっており,$S=3/2(Cr^{III})$ と $S=5/2(Fe^{III})$ の相互作用から導かれるものと一致している.ESR のシグナルは BEDT-TTF 由来のものは観測されずに磁性カウンターイオンからのもののみであった.

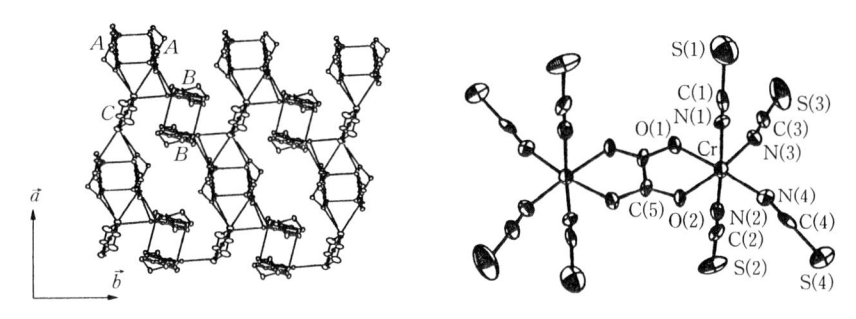

図 13.20 $(BEDT\text{-}TTF)_5[MM'(C_2O_4)(NCS)_8](MM'=Cr^{III}\text{-}Fe^{III}; Cr^{III}\text{-}Cr^{III})$
(S. Triki, *et al.*, Inorg. Chem., **40**, 5127, 2001)

13.13 強磁性金属 $(BEDT\text{-}TTF)_3[MnCr(C_2O_4)_3]$[46]

Coronado らは BEDT-TTF の積層カラムの間にハニカム状の [MnCr(C$_2$O$_4$)$_3$] が交互に並んでいる $(BEDT\text{-}TTF)_3[MnCr(C_2O_4)_3]$ を合成した.β タイプの BEDT-TTF は磁性イオン層に対して 45°傾いている.構造解析から BEDT-TTF の電荷は +0.34 であり,組成式と一致している(図 13.21).磁性は $T_c=5.5$ K の強磁性体である.交流磁化率で鋭いピークを示していること

と一致している(図13.22). ヒステリシス曲線は $H_c=5\sim10$ Oe と狭く, ソフトマグネットである. 室温の電気伝導度は $250\,\mathrm{S\,cm^{-1}}$ であり, 2 K まで金属的挙動を示した. 分子性の化合物としては世界で初めての強磁性金属である(図 13.23).

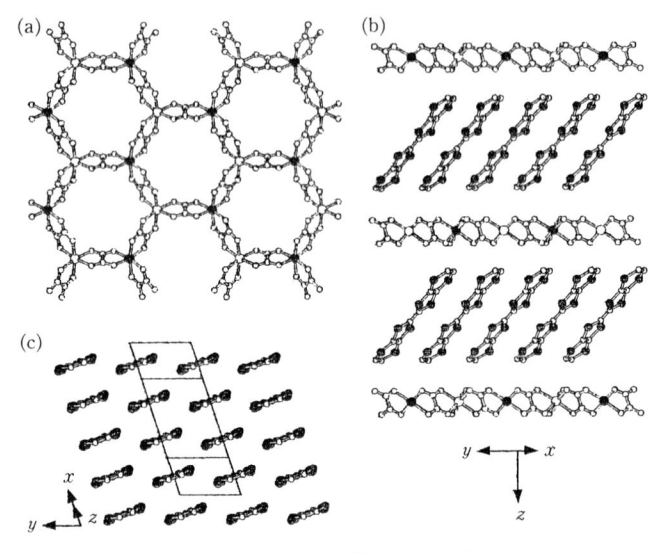

図 13.21 $(\mathrm{BEDT\text{-}TTF})_3[\mathrm{MnCr}(\mathrm{C_2O_4})_3]$ の構造
(E. Coronado, *et al.*, Nature, **408**, 447, 2000)

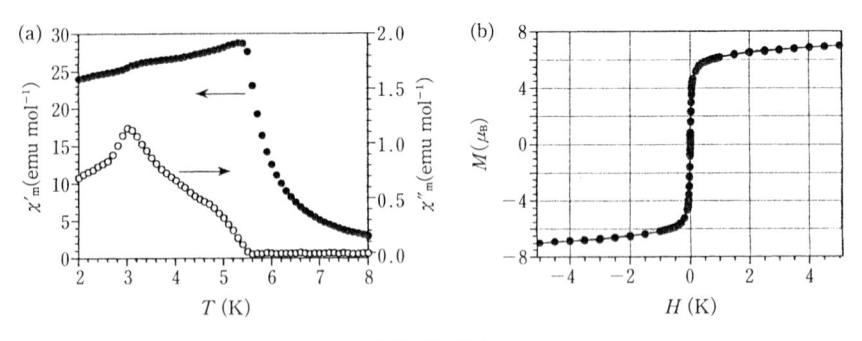

図 13.22 磁性
(E. Coronado, *et al.*, Nature, **408**, 447, 2000)

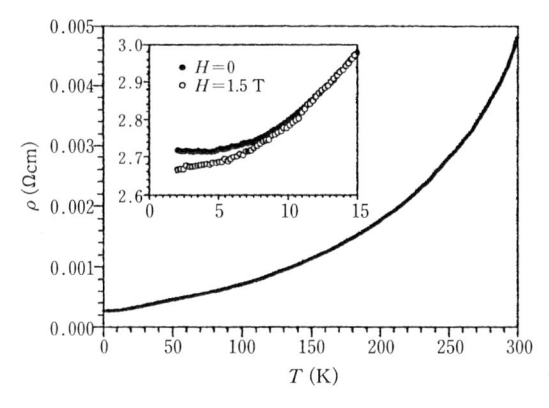

図 13.23 抵抗
(E. Coronado, et al., Nature, **408**, 447, 2000)

13.14 反強磁性超伝導体 $(BETS)_2MX_4$

ドナー分子 BETS (bis (ethylenedithio) tetraselenafulvalene) は BEDT-TTF 分子の中央にある4個の硫黄原子をセレン原子で置き換えた分子である．小林らは「磁気モーメント源」としては最も代表的で大きな磁気モーメントをもつ，$FeCl_4^-$ または $FeBr_4^-$ ($S=5/2$) を用いて錯体を合成している．$(BETS)_2MX_4$ の結晶構造は λ 型とよばれる3斜晶系と κ 型とよばれる斜方晶系の結晶がある．まず，λ 型について紹介する．

λ 型は c 軸方向に成長した細い針状結晶である[47]．BETS 分子は a 軸方向に4分子周期で積み重なりカラムを形成している．c 軸方向には分子横軸方向のカルコゲン接触が存在し，ac 面に2次元的な伝導層を形成している．その結果，フェルミ面は2次元的である(図13.24)．伝導バンドはBETS 分子のHOMO からなり，磁性アニオンは伝導層と伝導層の間に挟まれて存在している．非磁性イオンである $GaCl_4^-$ をもつ λ-$(BETS)_2GaCl_4$ は 6 K で超伝導になる．一方，磁気モーメントをもつ $(BETS)_2FeCl_4$ の結晶構造は $GaCl_4^-$ と同型であるにもかかわらず約 8 K で金属-絶縁体転移を起こす(図13.25)．この転移は磁性イオンのスピンが常磁性状態から反強磁性秩序に転移することに連動

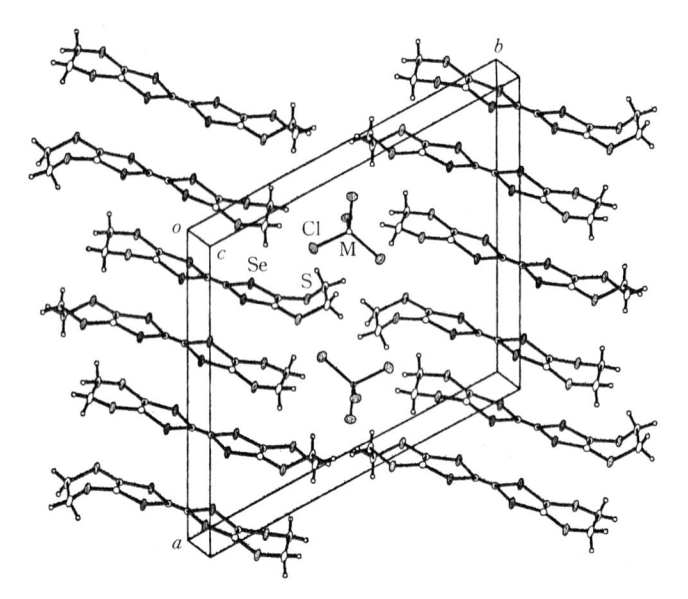

図 13.24 λ-(BETS)$_2$MCl$_4$ の構造
(H. Kobayashi, *et al.*, J. Am. Chem. Soc., **118**, 368, 1996)

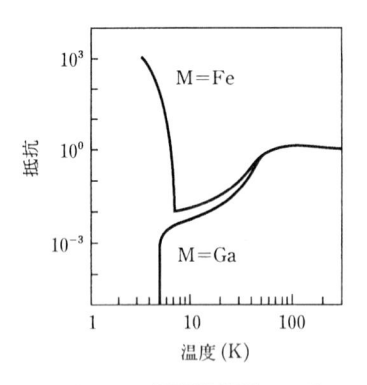

図 13.25 λ-(BETS)$_2$MCl$_4$ の抵抗
(L. Brossard, *et al.*, Eur. Phys. J. **B1**, 439, 1998)

しており，反強磁性秩序によって新たに生じたポテンシャルが伝導バンドにギャップを生じさせたため絶縁化すると考えられている．結晶中では FeCl$_4^-$ は互いに遠く離れているために Fe-Fe 間の直接的な相互作用は考え難く，反

13.14 反強磁性超伝導体 (BETS)$_2$MX$_4$

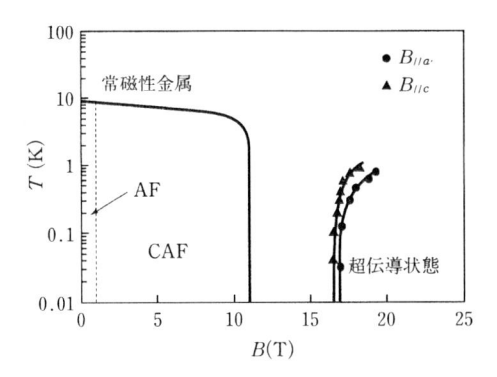

図 13.26 λ-(BETS)$_2$FeCl$_4$ の磁場効果
(S. Uji, et al., Nature, **410**, 908, 2001)

強磁性秩序は FeCl$_4^-$ 上の局在モーメントが BETS 分子の π 電子を介して相互作用することにより生じていると考えられる.まさに d-π 相互作用によるものである.FeCl$_4^-$ 塩の金属-絶縁体転移は約 10 T 以上の磁場をかけて FeCl$_4^-$ のスピンの向きを同じ方向にそろえると消失し,金属状態が復活する.しかも磁場を伝導層に正確に平行にかけると電気抵抗がなくなり,超伝導相が現れる.つまり,磁場誘起超伝導が出現する (図 13.26).また,加圧によっても超伝導が出現する.

非磁性の GaCl$_4^-$ を磁気モーメントをもつ FeCl$_4^-$ で部分的に置き換えた λ-(BETS)$_2$Fe$_x$Ga$_{1-x}$Cl$_4$ でとくに興味深いのは $0.35<x<0.5$ の濃度領域であり,この領域では温度を下げていくといったん超伝導になり,さらに温度を下げると再び絶縁体になる.この絶縁相は純粋な FeCl$_4^-$ 塩に似た反強磁性絶縁相と考えられ,これは d-π 相互作用によるものである (図 13.27).

κ-(BETS)$_2$FeX$_4$(X=Cl, Br) はともに斜方晶系である.κ-(BETS)$_2$FeBr$_4$ は 60 K 近傍で特徴ある抵抗極大を示した後,急速に抵抗が減少し 1.1 K で超伝導になる[48].2.5 K 付近に抵抗の温度依存性に階段的状の異常がみられる.これは d-π 相互作用による FeBr$_4^-$ の磁気スピン間の反強磁性磁気秩序に由来する.超伝導転移温度 1.1 K 近傍には目立った異常がなく磁気秩序は超伝導転移温度以下で大きな変化がないことを示している.したがって,この化合物が

図 13.27 λ-(BETS)$_2$Fe$_{0.45}$Ga$_{0.55}$Cl$_4$ の抵抗
(H. Kobayashi, *et al.*, J. Am. Chem. Soc., **119**, 12392, 1997)

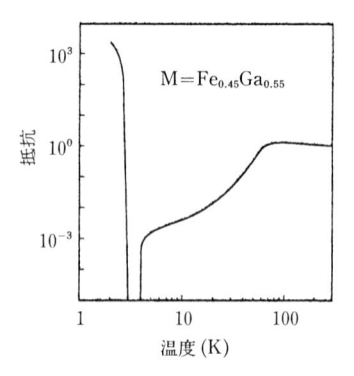

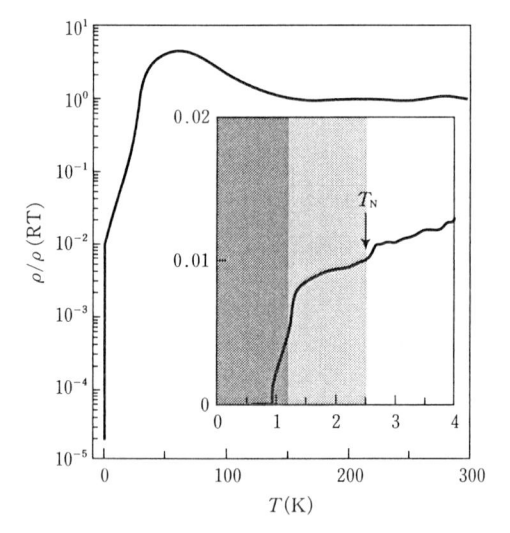

図 13.28 κ-(BETS)$_2$FeBr$_4$ の抵抗
(E. Ojma, *et al.*, J. Am. Chem. Soc., **121**, 5581, 1999)

初めての反強磁性超伝導体であることが示された(図 13.28). κ-(BETS)$_2$FeCl$_4$ では κ-(BETS)$_2$FeBr$_4$ よりもハロゲン原子の p 軌道のエネルギーレベルが低いので, ハロゲン原子を介した d-π 相互作用は小さいと予想される. 実際に反強磁性転移は 0.45 K に観測され, 超伝導転移は 0.1 K である.

13.15　$(BETS)_x[MnCr(ox)_3] \cdot (CH_2Cl_2)(x \sim 3)$

　Coronadoらは BETS 塩を用いて強磁性金属をつくることにも成功している．この化合物では BETS 分子が積層カラムを形成し，カラムどうしが，お互いに 131°に傾いている．積層カラム間には S-S=3.571 Å と硫黄原子間の接触が観測されるが（図 13.29），カラム内の分子間距離は大きくてカルコゲン接触は見られない．BETS 分子のドナー配列はいわゆる α 相である．それを挟むように磁性層の $MnCr(ox)_3$ が存在している．全体にディスオーダーしており $x \sim 3$ であり，BETS 分子の電荷は 1/3 に近い．電気伝導度は室温で 1 S cm^{-1} であり 150 K まで金属的な挙動をするがそれ以下で半導体に転移する

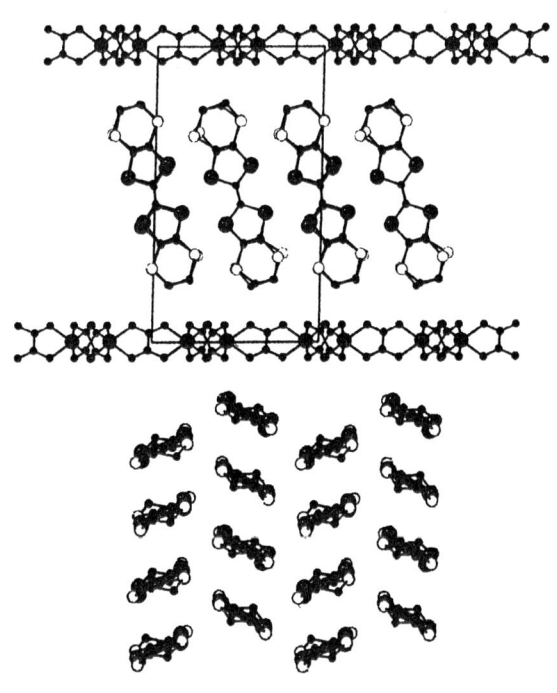

図 13.29　$(BETS)_x[MnCr(ox)_3](CH_2Cl_2)$ の構造
(A. Alberola, *et al.*, J. Am. Chem. Soc., **125**, 10774, 2003)

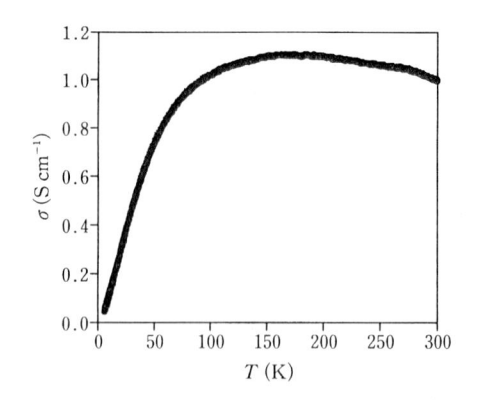

図 13.30 抵抗
(A. Alberola, *et al.*, J. Am. Chem. Soc., **125**, 10774, 2003)

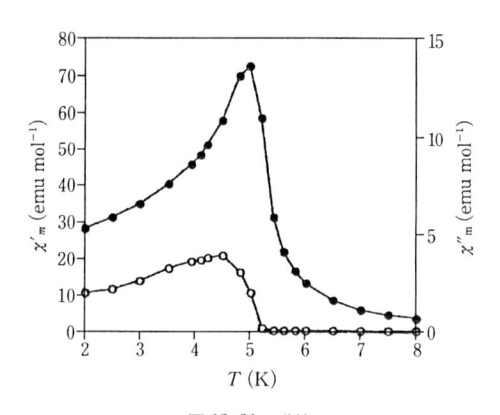

図 13.31 磁性
(A. Alberola, *et al.*, J. Am. Chem. Soc., **125**, 10774, 2003)

(図 13.30). BEDT-TTF 塩と違うのは a 相であるためであろう. 磁性 χT は 50 K 以下で増加し, 強磁性的相互作用をしている. 交流磁化率の結果, 5.3 K 以下で磁石になっていることが明らかになった (図 13.31).

13.16 (DMET)$_2$FeBr$_4$

ドナー分子 DMET の 1 次元的な積層の間に正方格子をもつ磁性アニオン

13.16 (DMET)$_2$FeBr$_4$

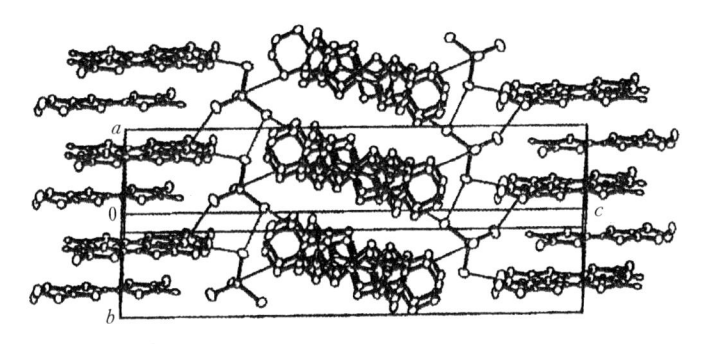

図 13.32 (DMET)$_2$FeBr$_4$ の構造
(K. Enomoto, *et al*., Synth. Met., **120**, 977, 2001)

FeBr$_4$ が挟まった構造をしている (図 13.32)[50]. 隣接磁性アニオンの分子間には Br-Br 接触が, ドナー分子 DMET とアニオン間には S-Br 接触が存在しており, 磁性イオン間の相互作用の経路としては磁性イオン間に加えてドナーの π 電子を介した d-π 相互作用も期待できる. 室温の電気伝導度は 15 S cm^{-1} を示し, 40 K まで金属的な挙動を示す. 磁化率は高温ではキュリー–ワイス則に従うが, ワイス温度が負であることから磁性を担う FeBr$_4^-$ イオン上のスピン間には反強磁性的相互作用が働いている. この物質は T_N=3.7 K において反強磁性転移を示すが, 転移温度の磁化率の温度変化には低次元性を示す兆候はみられず, d 電子系だけでは説明がつかず, d-π 相互作用が働いていると考えられる.

14
π-d 融合電子系錯体

　π-d 融合電子系錯体は有機ドナーまたは有機アクセプター分子が直接，金属イオンに配位することによりd-π相互作用するような系であり，磁性と伝導が複雑に絡む興味ある物質群である．

14.1　$(R_1, R_2\text{-DCNQI})_2\text{Cu}$

　Hünigにより初めて合成された有機分子 R_1, R_2-DCNQI (dicyanobenzoquinonediimine)[51] は電子受容体であると同時にシアノ基(CN)の窒素原子を介してさまざまな金属イオンに配位することができる化合物である．なかでも銅との錯体は，$(R_1, R_2\text{-DCNQI})_2\text{Cu}$ の組成をもちCuのd電子とDCNQIのpπ電子との相互作用に由来する興味ある物性を示すことから盛んに研究されている．結晶構造は図14.1に示すように，DCNQI分子が c 軸に沿って1次元の積層カラムを形成すると同時に，DCNQIのシアノ基(CN)がCuイオンに直接配位することにより，ab 面内に2次元的なネットワークを形成し，1次元カラムを3次元的に連結している．この結晶構造は基本的に置換基によらず，種々の誘導体も同型構造をとる．物性は置換基 R_1, R_2 や圧力，重水素や ^{13}C などの同位体置換，他の金属による銅イオンの置換等に大きく依存している．置換基によらず同型構造をとるにもかかわらず，物性が大きく変化するのは，銅イオン周りの配位形式に由来する．銅イオン周りの配位形式は上下方向に圧縮された歪んだ四面体配位である．この歪の程度が物性に大きな影響を及ぼしている．

14.1 $(R_1, R_2\text{-DCNQI})_2\text{Cu}$

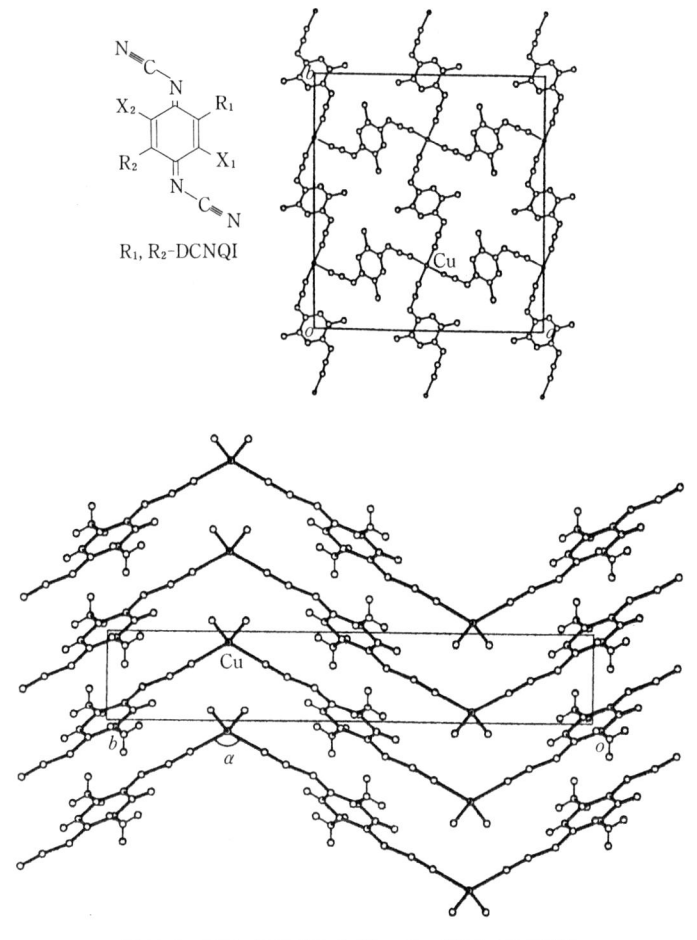

図 14.1 $(\text{DMe-DCNQI})_2\text{Cu}(R_1=R_2=CH_3)$ の結晶構造
(R. Kato, *et al.*, J. Am. Chem. Soc., **111**, 5224, 1989)

 加藤らは伝導性の違いによりDCNQI-Cu系を3つのタイプに分類している[52]．タイプIは極低温まで金属的挙動を示す物質群である．タイプIIは低温で金属-絶縁体転移を示す物質群であり，タイプIIIは温度の低下に伴い金属-絶縁体-金属のリエントラント現象を示す物質群である(図14.2)．温度-圧力相図における横軸の「圧力」は，置換基R_1, R_2のサイズに置き換えることが可能

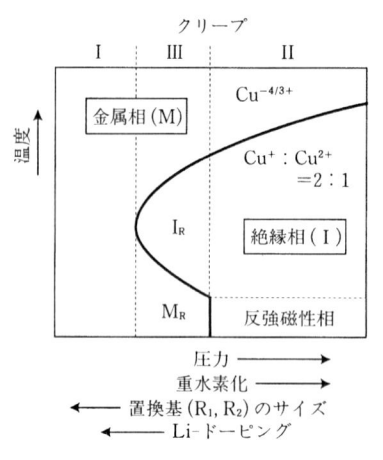

図 14.2 $(R_1, R_2\text{-D(NQI)}_2\text{Cu}$ の相図
(加藤,固体物理,**30**, 113, 1995)

である.置換基のサイズの効果は圧力と同等であると考えられており,いわゆる「化学的圧力」と考えることができる.$(\text{DMe-DCNQI})_2\text{Cu}(R_1=R_2=CH_3)$ は常圧では低温まで金属的であるが,わずかな加圧(約 100 気圧)でグループIIIの状態を経て,グループIIへと移行する.このように加圧によって金属状態が不安定化する現象は,通常の分子性導体とは逆の圧力効果である.$(\text{DMe-DCNQI})_2\text{Cu}$ はこの相図上グループIとIIIの境界に位置している.加藤らはDCNQI上のプロトン原子を選択的に重水素化し,「化学的圧力」を微妙にコントロールすることによって,リエントラント領域を含めた温度-圧力相図を常圧下で再現することに成功した[53].DMe-DCNQI の 2 つのメチル基に 1 個ずつ重水素を導入すると,金属-絶縁体転移を示すわけであるが,重水素置換による同位体効果の原因は,C-D結合がC-H結合よりわずかに短いために,結晶格子の収縮を引き起こし,非常に低い圧力をかけたことと同等の効果が加わったためであると考えられている.$(\text{DMe-DCNQI})_2\text{Cu}$ では臨界圧が非常に低いのでその効果が劇的に現れたのである(図 14.3).また,R_1, R_2 をハロゲン原子等のサイズの異なる置換基で置換することによっても「化学的圧力」の効果が観測されている.たとえば,置換基のサイズがメチル基より小さ

14.1 (R₁, R₂-DCNQI)₂Cu

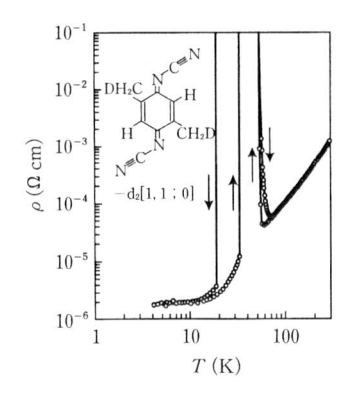

図 14.3 重水素化体の抵抗
(R. Kato, *et al.*, Solid State Commun., **85**, 831, 1993)

い $R_1=R_2=Cl$ の場合は，常圧下で金属-絶縁体転移を起こす．

この金属-絶縁体転移は1次相転移で，絶縁化に伴って DCNQI 分子のつくるカラムの方向（c 軸方向）に3倍周期の超周期構造が発生する．これは，1次元的なフェルミ面のネスティングに由来する電荷密度波（CDW）が生じたことを示している．その周期が3倍周期であることは1次元バンドが1/3だけ電子に占有されていることを意味している．電荷密度波はその1周期分に電子2個が収まるように形成されることから，DCNQI 分子の平均価数は $-2/3$ 価である．そのため，銅の平均価数は $+4/3$ 価となっている．つまり金属状態では銅は混合原子化状態にあり，平均原子価は約 $+1.33$ 価である．このことはd軌道は完全には満たされておらず，フェルミ準位近傍にある DCNQI 分子のフロンティア軌道と相互作用していることを意味している[54]．

この系の金属-絶縁体転移は磁気的にも興味深い実験結果を与える．金属状態では温度にほとんど依存しないパウリ常磁性であるが，金属-絶縁体転移とともに磁化率は急激に上昇し，絶縁体相では磁化率の温度変化はキュリー―ワイス則に従う．金属-絶縁体転移が DCNQI カラム上の電荷密度波の発生だけによるものであるならば，磁化率は転移点で急激に減少すべきである．したがってこのような振舞いは，金属-絶縁体転移に伴って銅サイト上に Cu^{2+} に

由来する局在スピンが生じたことを示している．つまり，平均酸化数 +1.33 の混合原子価状態から…$Cu^+Cu^+Cu^{2+}Cu^+Cu^+Cu^{2+}$…で表される電荷分離状態へと変化したためであると考えられている．この局在スピンはさらに低温になると反強磁性転移を起こす．

つぎに，金属-絶縁体転移を電子構造の面から考えてみよう．DCNQI-Cu 系の電子状態が圧力に非常に敏感であり，「化学的圧力」を含め小さな加圧により，性質が大きく変化することはすでに述べた通りである．置換基のサイズを大きくすると，銅の周りの配位四面体構造の歪が大きくなることが知られている．すなわち配位四面体の歪が大きくなるほど，金属状態が不安定化することを意味しており，圧力を加えて歪を大きくすると相図中を左から右に移動することを意味している．そこで銅の配位四面体の歪と銅イオンの電子状態との関係について考えてみよう．正四面体配位では 3d 軌道は t_{2g} 軌道と e_g 軌道に分裂する．配位四面体が上下に押しつぶされるように歪むと t_{2g} 軌道準位はさらに分裂して d_{xy} 軌道準位は上がり，d_{yz} と d_{xz} 軌道は下がる．その結果，銅の d_{xy} 軌道と DCNQI 分子の LUMO が混成し，フェルミ準位近傍のバンドはこれらの軌道から構成される．価数に関しては，この軌道の混成により d_{xy} 軌道から DCNQI の LUMO への部分的な電子移動が起こり，銅の原子価は $+4/3$ に近づく．金属状態で等価であった銅サイトが，絶縁化に伴い完全な電荷秩序

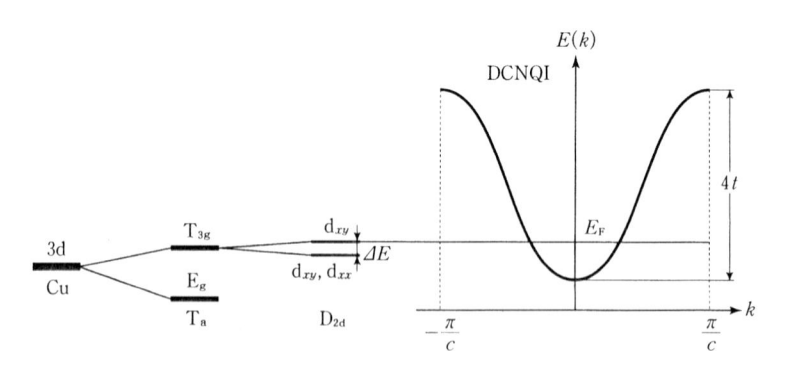

図 14.4 電子状態
(加藤，固体物理，**30**, 113, 1995)

状態へと変化するわけであるが, このメカニズムのポイントは, DCNQI の 1 次元バンドがパイエルス転移を起こすさいに生じる 3 倍周期の格子変調と, 銅サイト上で生じる 3 倍周期の電荷秩序が整合し, エネルギー的に安定となる点にある. つまりこの系は銅の配位子場の変化に伴う電荷の移動が, π 電子系の 1 次元金属不安定性に伴う 3 倍周期の出現と, それに連動した銅イオン上での強い電子相関による絶縁化のメカニズムに重要な役割を演じているわけである (図 14.4)[55].

14.2　R[M(dmit)$_2$]$_2$(R=TTF, (CH$_3$)$_4$N, etc ; M=Ni, Pd)

1986 年に Cassoux らにより初めてのアクセプター性超伝導体 (TTF)[M(dmit)$_2$]$_2$(M=Ni, Pd ; dmit=1, 3-dithiole-2-dithione) が合成された[56]. Pd 塩は常圧では半導体であるが少しの圧力下で半金属に変わり, 1.6 GPa で T_c=6.5 K の超伝導体となる. 同様に Ni 塩では 0.2 GPa で T_c=1.6 K の超伝導体になる. この後, 小林らにより対カチオンにいろいろな閉殻アニオンを用いることにより多くの超伝導体が得られていることから, 超伝導はアクセプター側 M(dmit)$_2$ で起こっていることが確認された. また, 金属イオンの違いも見出された. これまでに 8 種の超伝導体が発見されている[57].

(TTF)[Ni(dmit)$_2$]$_2$ は常圧では低温まで金属的であるが, 結晶内では b 軸に沿って有機ドナー TTF と [Ni(dmit)$_2$] がそれぞれカラムを構成している. カラム間には多数の S...S 間接触が観測される. この系ではカラム間相互作用は確かに存在するが, それは閉じた 2 次元フェルミ面を形成するほど強くなく, 電子構造は 1 次元バンドが基本となっている. [M(dmit)$_2$] の LUMO は金属イオンを境に位相が逆転している. そのために分子面に平行な方向の相互作用は軌道の対称性のために LUMO 間の重なりがキャンセルされる部分が生じる. したがって, LUMO 間の相互作用は横方向に相互作用があったとしても強くなく, これが (TTF)[Ni(dmit)$_2$]$_2$ の電子状態が 1 次元的である要因である (図 14.5).

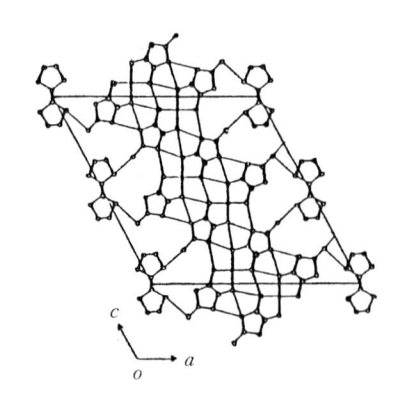

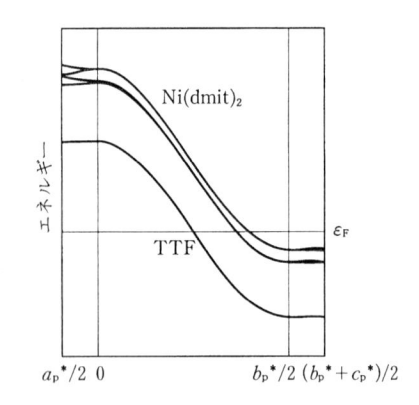

図 14.5 (TTF)[Ni(dmit)$_2$]$_2$ の構造とバンド構造
(A. Kobayashi, *et al.*, Solid State Commun., **62**, 57, 1987)

(Me$_4$N)[Ni(dmit)$_2$]$_2$ は閉殻カチオンからなる初めての超伝導体である．[Ni(dmit)$_2$] はカラム構造をしているが，単位格子内には2本のカラムが互いに方向が異なるように伸びている．つまり「立体交差」型のカラム構造をもっている．それぞれのカラムはやはり1次元性が強く，LUMO の形成するバンドは平面的なフェルミ面を与える．ただし2つのカラムの伸びている方向が異なっていることもありブリルアン帯にはそれぞれ異なった方向に開いた2対の平面フェルミ面が存在する．この化合物の室温の伝導度は 60 S cm^{-1} で金属的であるが，3 kbar 以上圧力を加えることにより 5 K で超伝導体となる (図 14.6)．

この系は高圧下での超伝導が多いが，田島らは 1993 年に (EDT-TTF)[Ni(dmit)$_2$]$_2$ が 1.3 K の低温において超伝導であることを見出している．M(dmit)$_2$ を用いた系では常圧の超伝導体としては世界で初めての例である[58]．

Me$_4$N[Pd(dmit)$_2$]$_2$ には α, β, γ の多形がある．このうち，β 型は Ni(dmit)$_2$ 塩とほぼ同型構造をとる．ただ，大きく異なる点は Ni(dmit)$_2$ に比べて Pd(dmit)$_2$ が 2 量体構造をとっている点にある．2 量体内では Pd(dmit)$_2$ は真上に重なり合い，Pd-Pd 距離は 3.28 Å であり，弱い金属間結合がみられる．上記 Ni(dmit)$_2$ と同様に Pd(dmit)$_2$ は立体交差し，2本の1次元カラムを形成

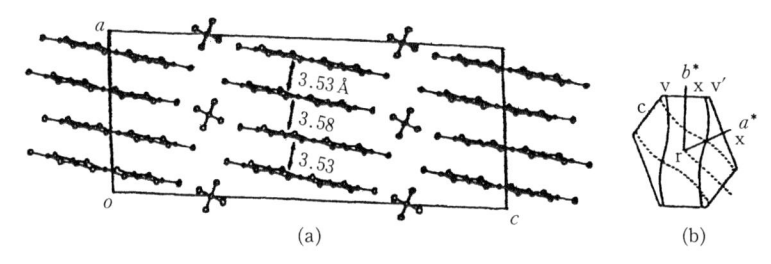

14.2 R[M(dmit)$_2$]$_2$(R=TTF, (CH$_3$)$_4$N, etc ; M=Ni, Pd)

図 14.6 [(CH$_3$)$_4$N][Ni(dmit)$_2$]$_2$ の構造とフェルミ面
(A. Kobayashi, *et al.*, Chem. Lett., 1891, 1987)

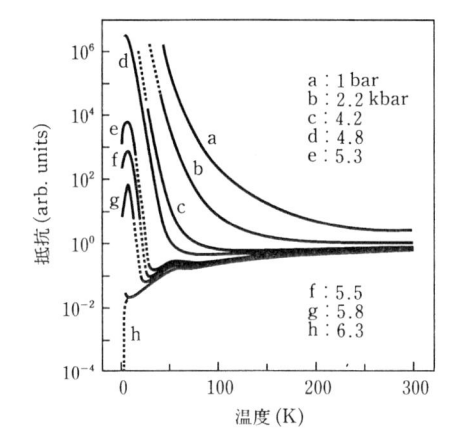

図 14.7 β-(CH$_3$)$_4$N[Pd(dmit)$_2$]$_2$ の高圧下抵抗
(H. Kobayashi, *et al.*, Chem. Lett., 1909, 1992)

する．4 kbar 以上の圧力をかけると低圧領域では不鮮明であった金属-絶縁体転移が明瞭に現れる．6 kbar 以上で超伝導転移が観測された(図 14.7)．

(Me$_2$Et$_2$N)[Pd(dmit)$_2$]$_2$ も 2 量体構造をとっている．その様式は β-Me$_4$N[Pd(dmit)$_2$]$_2$ と同様で Pd...Pd 距離は 3.290 Å であり，弱い金属-金属間結合がみられた．室温での電気伝導度は 40 S cm^{-1} で，2.3 kbar 以上で超伝導が観測された．

構造の違いから推察できるように，Pd 塩の電子状態は Ni 塩と大きく異なっている．その要因はやはり Pd(dmit)$_2$ 塩が Pd-Pd 結合による 2 量体を形成する点にある．この 2 量体のエネルギー準位について考えてみよう．

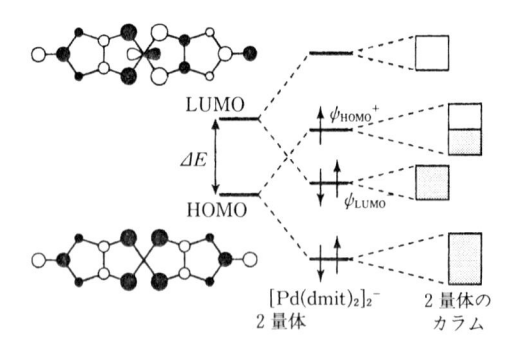

図 14.8 Pd(dmit)$_2$ の電子構造
(E. Canadell, *et al*., Solid State Commun., **75**, 633, 1990)

HOMO および LUMO の準位は 2 量化による相互作用によってそれぞれ，結合性と反結合性の準位に分裂する．この分裂の度合いと HOMO-LUMO 間のエネルギー差との兼ね合いで HOMO の反結合性の軌道と LUMO の結合性の軌道の準位が逆転する場合が出てくる．2 量体が 2 分子で -1 価であるとすると，この 2 量体がバンドを形成すると伝導バンドが LUMO ではなくて HOMO から形成される．Pd 塩ではまさにこのような状況になっていることが偏光反射スペクトルの結果から指摘されている．伝導バンドが LUMO ではなくて HOMO から形成されていることの影響は，電子構造の次元性に反映される．HOMO の対称性は LUMO(b_{2g}) と異なり b_{1u} である．また対称性の理由から金属イオンの d 軌道 (d_{xz}) は HOMO に寄与しない．その対称性から HOMO の横方向の分子間重なり積分は LUMO のように小さくならない．したがって，一般的傾向として Pd 塩は Ni 塩よりも 2 次元性の強い電子構造をもつ (図 14.8)．

14.3　イオンチャンネルを含む分子性導体 $(M^+)_x(18\text{-crown-}6)[\text{Ni(dmit)}_2]_2$

電荷移動錯体中に"動的イオン場"とよばれる超分子化学の手法から設計さ

14.3 イオンチャンネルを含む分子性導体 $(M^+)_x(18\text{-crown-}6)[Ni(dmit)_2]_2$

れた機能ユニットを導入し，新規な π-電子物性の制御系の開発を研究目的として $(M^+)_x(18\text{-crown-}6)[Ni(dmit)_2]_2$ が芥川と中村により合成された[59]．これまで述べてきたように電荷移動錯体では，部分酸化された π 共役平面分子が 1 次元的に積層することで π バンドを形成し，導電機能を発現する．また，積層様式や電子相関の効果により，π 電子スピンが結晶中で孤立し，磁性機能を発現することも可能である．一方，2 次電池や燃料電池中に存在する固体電解質中では，イオンやプロトンといった原子がイオン伝導体として固体中で運動している．中村や芥川らが着目した"動的イオン場"とは，固体中でイオンやプロトンの運動・認識を実現するデザインされた場を意味する．動的イオン場と電子機能を担う π 電子系を共存させることで，電子–イオン連動系に起因する，新規な物性制御系の構築を目指した研究が行われている (図 14.9)．

人工イオンチャンネルは，生体模倣による新規な分子デバイス構築の観点から，活発な研究が行われている．彼らはクラウンエーテル分子を結晶中で配列させることで，イオンチャンネル構造を含む $[Ni(dmit)_2]$ 錯体を構築した．18-crown-6 分子は，6 つの酸素原子がエチレン基で環状につながることで，分子中央に空孔をもつ分子構造をしている．すなわち，この穴を介したイオン運動が実現可能となる．錯形成定数を用いた考察から，クラウンエーテル分子の 1 次元配列から形成するイオンチャンネル構造を，導電性の $[Ni(dmit)_2]$ 分子の積層構造と共存させた．新規錯体の組成は，$(M^+)_x(18\text{-crown-}6)$

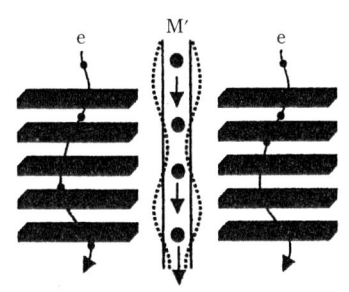

図 14.9　$M^+([18]\text{Crown-}6)[Ni(dmit)_2]_2$ のイメージ図

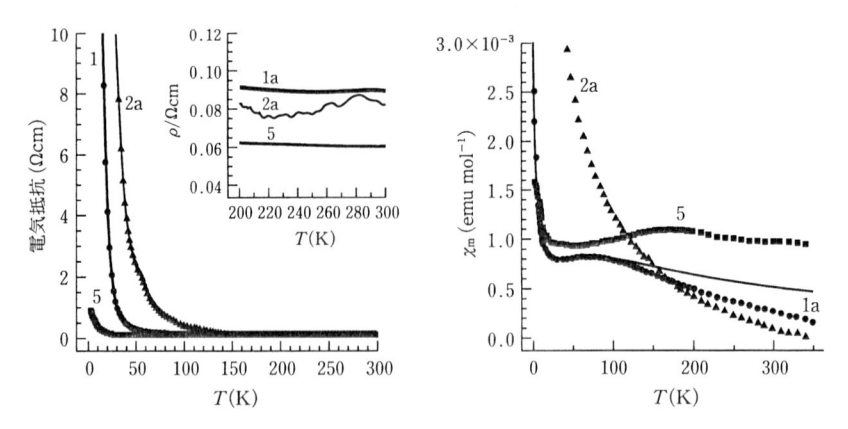

図 14.10 M$^+$([18]Crown-6)[Ni(dmit)$_2$]$_2$ 錯体 (M$^+$=Li$^+$(1a), Na$^+$(2a), Cs$^+$(5)) の電気抵抗 (左) と磁化率 (右) の温度依存性
(T. Akutagawa, *et al.*, Coord. Chem. Rev., **198**, 297, 2000)

[Ni(dmit)$_2$]$_2$ であった.チャンネル内の M$^+$ イオンのサイズを,最も小さな Li$^+$ から最大の Cs$^+$ まで,系統的に変化させることで,イオンの動的自由度を制御した系を作製した.一連の錯体の構築により,π 電子物性に及ぼすイオン-電子連動性の評価を実現した点は,固体物性の観点から興味深い.その結果,チャンネル内イオンの運動自由度が,[Ni(dmit)$_2$] 分子上の伝導電子における局在-非局在性と密接に関連することが示された.電子-イオン連動性の存在により,伝導電子系に対する局在化ポテンシャルが,ダイナミックな摂動を受け,その電子状態を 1 次元ハイゼンベルグ反強磁性,ディスオーダード反強磁性,金属状態まで変化させることが可能となった (図 14.10).

14.4 スピンラダー型 [Ni(dmit)$_2$][60]

偶数鎖のハイゼンベルグ反強磁鎖から形成されるスピンラダー化合物は,低温で短距離 RVB 状態に落ち込むため,励起エネルギーにスピンギャップを生じる.このようなスピン系にキャリアードープを行うことで,有限サイズのスピンギャップが生き残り,超伝導相関が電荷密度波相関よりも強くなると理論

的に予想されている．銅酸化物系の偶数鎖スピンラダー化合物では，キャリアードーピングによる高圧下での超伝導の出現が確認されている．これらの背景から，有機物スピンラダーにも多くの関心が寄せられ盛んに研究されている．しかしながら，有機物スピンラダー化合物の報告は，いまだ十種類程度に留まり，キャリアードーピングに至っては例がない．芥川と中村らは，超分子化学のアプローチから有機物スピンラダー化合物を設計し，そのキャリアードーピングの可能性について検討を行っている．

これまでに M^+ (crown ethers) 型の超分子カチオン構造を利用することで，$S=1/2$ スピンを有する金属錯体 $[Ni(dmit)_2]^-$ の結晶内における配列制御に関する研究が行われている．そのような一連の研究から，カチオン構造としてアニリニウム ($Ph-NH_3^+$) と [18] crown-6 分子が 1:1 の組成で形成する (Ph-

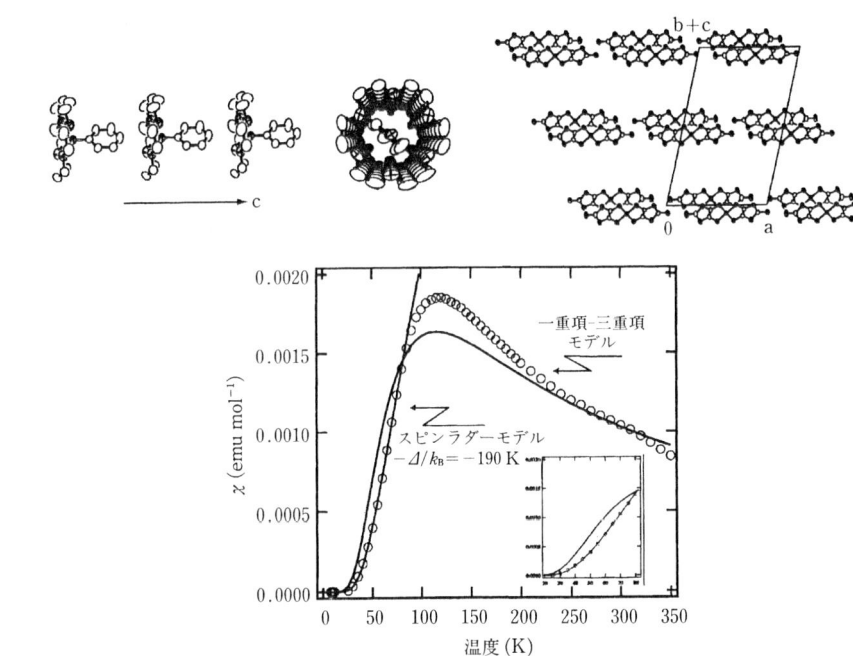

図 14.11 スピンラダー系の構造と磁性
(T. Akutagawa, *et al*., Coord. Chem. Rev., **198**, 297, 2000)

NH$_3$)([18] crown-6)$^+$ カチオンを用いた場合に，[Ni(dmit)$_2$]$^-$ スピンラダー構造を誘起することに成功した (図 14.11)．[Ni(dmit)$_2$] 塩は，完全電荷移動型で $S=1/2$ スピンを有する，(Ph-NH$_3^+$)([18] crown-6)[Ni(dmit)$_2$] の組成を有していた．結晶中で，Ph-NH$_3^+$ のアンモニウム部位はクラウンエーテルに包接され，フェニル基が [18] crown-6 平面から垂直に立ち上がることで，a 軸方向にレギュラーに積層したイオンチャンネル様の構造を形成していた．一方，[Ni(dmit)$_2$]$^-$ は，カチオンに挟まれる形でダイマーを形成し，b 軸方向に沿って [Ni(dmit)$_2$] 配列することで，スピンラダー構造を構築していた．錯体の磁化率温度依存性は，1重項-3重項熱励起モデルでは再現されず，スピンラダーの式を用いることでよく再現されている (図 14.11)．また，スピンギャップは，$-\varDelta/k_\mathrm{B} = -190$ K と見積もられた．また，比熱測定・^{1}H-NMR・μSR 測定から，本錯体が 0.3 K 以上で磁気的オーダーを有しない，スピンラダー状態で存在することを確認している．結晶化エネルギーの小さい有機物においては，形状の異なる分子・イオンの導入は結晶構造を大幅に変化させる要因となり，結晶構造を保ちながらのドーピングはきわめて困難である．そこで，同形でありながら価数の異なる 2 種の超分子構造である Ph-NH$_3^+$ と Ph-NH$_2$ の混晶を超分子化学的な手法から結晶中に導入し，ホールドーピング試みられた．その結果，約 4 桁の伝導度の向上が確認されたが，いまのところ金属的な伝導挙動の出現には至っていない．

14.5　分子ローター (Cs$^+$)$_2$ ([18] crown-6)$_3$[Ni(dmit)$_2$][61]

(Cs$^+$)$_2$([18] crown-6)$_3$ [Ni(dmit)$_2$] 錯体では，大きな Cs$^+$ イオン (イオン半径=1.67 Å) は [18] crown-6 の空孔 (半径=1.25 Å) に入り込むことができず，カチオン構造内で，弱いクラウン酸素-Cs$^+$ 間の相互作用が期待される．結晶内では，(Cs$^+$)$_2$([18] crown-6)$_3$ の組成を有するクラブサンドイッチ型の超分子カチオン構造が観測された．錯体の 100 K における結晶構造を図 14.12 に示す．結晶構造から，[Ni(dmit)$_2$] 分子は，2 量体構造を形成し，a 軸方向に 1

14.5 分子ローター $(Cs^+)_2([18]crown-6)_3[Ni(dmit)_2]$

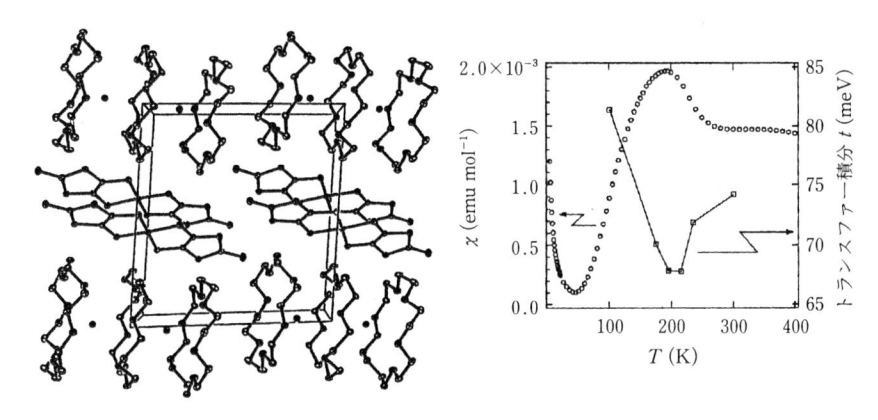

図 14.12 分子ローター
(S. Nishihara, *et al*., Synth. Met., **137**, 1279, 2003)

次元的に配列することで,結晶内で孤立ダイマーとして存在する.したがって,結晶の示す磁性としては,1重項-3重項熱励起モデルで記述される磁性が期待される.しかしながら,SQUIDによる磁化率の温度依存性(図14.12)では,50 K以上から磁化率が上昇し,195 Kで極大を示し,さらに235 K以上ではほぼ一定となった.このような温度依存性は,単純な1重項-3重項熱励起モデルで再現することが不可能であった.つぎに,[Ni(dmit)$_2$]ダイマー内のトランスファー積分(t)の温度依存性に関する評価を行ったところ,tは195 K近傍に極小を示し,磁化率の極大と対応していた.一方,300 Kと100 Kにおける結晶構造の比較から,室温付近で[18]crown-6分子の回転運動の存在が示唆された.この回転運動は,磁化率に極大が出現する195 K以下では,抑制されることが構造解析の結果から判明した.[18]crown-6分子の結晶中における回転運動の存在は,^{1}H-NMR,^{133}Cs-NMRおよび比熱の測定からも約200 Kで確認された.以上のことから,錯体でみられた磁化率が,結晶中での$(Cs^+)_2([18]crown-6)_3$カチオン構造の回転運動と密接に関係していると考えられる.したがって,[Ni(dmit)$_2$]$^-$の示す磁性は,超分子カチオン内に存在する[18]crown-6分子の回転状態により大きく影響を受けると考えられる.まさに分子ローターである.

14.6　$[(CH_3)_{4-x}NH_x][Ni(dmise)_2]_2 (x=1-3)$, $Cs[Pd(dmise)_2]_2$

　小林らは dmit 配位子の末端の硫黄をセレンに置換した分子である dmise を用いた $Ni(dmise)_2$ のアンモニウム塩の合成に成功している[62]．dmise 配位子では末端セレン原子の電子雲が大きな広がりをもつために分子長軸方向への分子間相互作用が増大し，3 次元的な電子構造をもつ伝導体が期待できる．実際にバンド計算により，この系が平面 π 分子よりなる初めての擬 3 次元フェルミ面をもつことが報告された．$(Me_3HN)[Ni(dmise)_2]_2$ は室温の電気伝導度が $100\ S\ cm^{-1}$ であり，金属的挙動を示す．しかし低温では半導体に転移する．圧力をかけると金属的挙動が 60 K まで観測された．

　一方，$Cs[Pd(dmise)_2]_2$ は常圧で 4 K まで金属的挙動をする．

14.7　単一分子性金属への展開 $[Ni(ptdt)_2]$ から $[Ni(tmdt)_2]$ へ

　これまでみてきたように，π 共役系有機分子からなる電荷移動錯体あるいはラジカル塩では電気伝導性を与えるために，部分酸化あるいは還元状態，つまり部分的に開殻電子構造が必要であった．したがって，これらの系は必然的に 2 つ以上の成分から構成されていた．これに対して電子的に閉殻構造の中性分子を用いた伝導体の開発が行われてきた．この場合，物質を構成する成分は 1 分子であるので，物質の設計が容易であると考えられる．$Pd(dmit)_2$ 系の電子構造の考察は HOMO-LUMO ギャップの小さな分子からなる系では HOMO バンドと LUMO バンドの重なりが生じて閉殻構造をとる中性分子であっても半金属的なフェルミ面をもつことが原理的に可能であることを示唆している．小林らは単一分子性金属の合成に精力的に取り組んできた．単一中性分子からなる分子性金属をつくるためには非常に小さな HOMO-LUMO ギャップをもつ分子をつくることが出発点である．このような設計指針に基づき $M(dmit)_2$ 系よりも配位子の π 電子系を拡張した TTF 骨格を配位子内にもつジチオレン

14.7 単一分子性金属への展開 [Ni(ptdt)$_2$] から [Ni(tmdt)$_2$] へ

遷移金属錯体を使うことが有効であると考えられた．TTF 骨格をもつジチオレン遷移金属錯体として小林らは末端にプロピレンジチオ基をもつ ptdt (= プロピレンジチオテトラチアフルバレンジチオラート) を合成し，その Ni 錯体 (Me$_4$N)[Ni(ptdt)$_2$]$_2$ を得た (図 14.13)．これを電解酸化することにより中性錯体 [Ni(ptdt)$_2$] の単結晶を得ることに成功した．[Ni(ptdt)$_2$] は末端のプロピレンジチオ基を除いてほぼ平面構造をしており，大きく配位子を重ねて分子の長軸方向に階段状に積層している．分子間には分子の長軸方向および短軸方向の両方に短い S…S 接触がみられる．電気伝導度は半導体であるが室温で 7 S cm^{-1} であり，中性の [Pd(dmit)$_2$] が 10^{-3} S cm^{-1} であることと比べると非常に大きなことがわかる．バンド計算から HOMO-LUMO 間のエネルギーが非常に小さいことがわかっている．

小林らはさらに単一分子性金属を得るために以下のような分子設計条件を提案している．(1) HOMO と LUMO のエネルギー差が小さいこと．(2) HOMO-HOMO，LUMO-LUMO の重なり積分の符号が同じとき HOMO バンドと LUMO バンドが平行バンド (parallel band) を形成する．このときに大きなフェルミ面を期待することができる．(3) HOMO-HOMO と LUMO-LUMO の重なり積分の符号が異なるとき交差バンド (crossing band) が形成されるので HOMO-LUMO 相互作用によりフェルミ準位近傍でギャップが開き絶縁体になりやすいが，3 次元的な相互作用があればフェルミ面が生き残ることがで

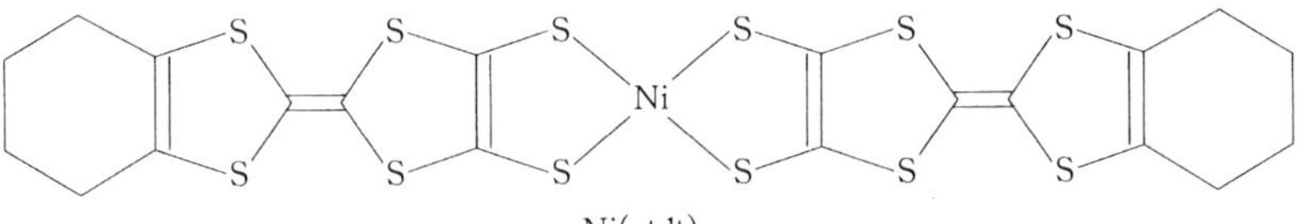

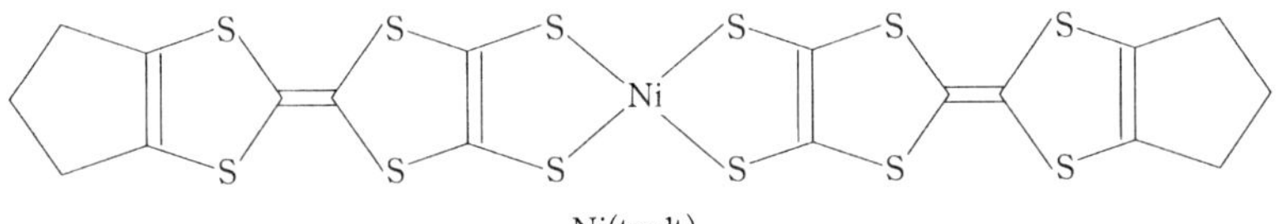

図 14.13　Ni(dmit)$_2$ の誘導体

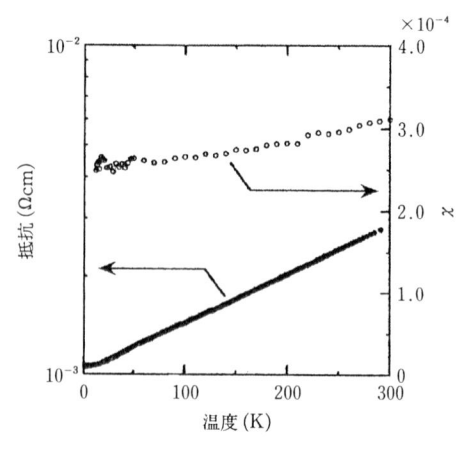

図 14.14 Ni(tmdt)$_2$ の抵抗と磁化率
(H. Tanaka, *et al*., Science, **291**, 197, 2001)

きる.

[Ni(ptdt)$_2$] 分子の分子軌道計算から ptdt 配位子の末端のプロピレンジチオ基の硫黄が伝導バンド形成にあまり寄与していないと考えられることから,小林らは結晶中の分子間接触をよくするために末端部分が ptdt より小さな tmdt (トリメチレンテトラチアフルバレジチオラート) を配位子とする金属錯体を合成した.合成した中性 [Ni(tmdt)$_2$] 錯体は,単純な結晶格子を形成し,単位格子にはたった 1 個の分子しかなく,中心の Ni は格子点にのっている.分子は末端まで含めて理想的な平面構造をしており,「1 次元最密充填」ともいえる分子配列をしている.分子間には短い S...S 相互作用があり,3 次元的な相互作用をしている.室温での電気伝導度は 400 S cm^{-1} であり,0.6 K まで金属である.これは世界で初めての極低温まで単一分子性金属の例である (図 14.14)[63].

14.8　Cu に配位した BEDT-TTF 分子をもつ電荷移動型錯体[64]

BEDT-TTF 分子は分離積層型を容易に形成する典型的なドナー分子であ

14.8 Cuに配位したBEDT-TTF分子をもつ電荷移動型錯体

るが，BEDT-TTF分子の外側の硫黄は金属に配位することができるために，DM-DCNQIと同様にドナー性配位子として働く可能性がある．このような観点から，BEDT-TTFと$Cu^{II}Br_2$をさまざまな条件で拡散することにより6種類の化合物が金浜と山下らにより合成された．$(BEDT-TTF)Cu_2Br_4$(1)，$(BEDT-TTF)_2Cu_6Br_{10}$(2)，$(BEDT-TTF)_2[Cu_4Br_6(BEDT-TTF)]$(3)，$(BEDT-TTF)_2Cu_2Br_4$(4)，$(BEDT-TTF)_2Cu_3Br_7(H_2O)$(5)，(BEDT

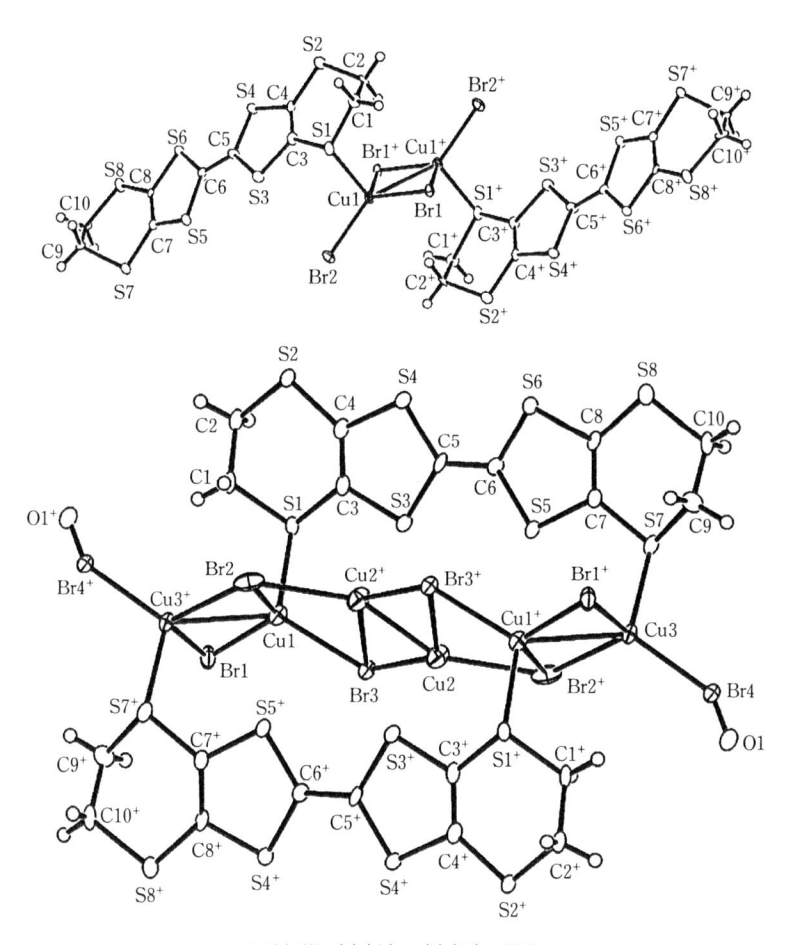

図 14.15 (4)(上)と(5)(下)の構造
(R. Kanehama, *et al.*, Inorg. Chem., **42**, 7173, 2003)

-TTF)$_2$Cu$_6$Br$_{10}$(H$_2$O)$_2$(6) で，いずれも Cu-S 配位結合が存在している（図 14.15）．化合物 (1) と (3) では BEDT-TTF のトランス位の硫黄が Cu に配位している．化合物 (2) と (5) と (6) では BEDT-TTF のシス位の硫黄が Cu に配位している．化合物 (4) は BEDT-TTF の硫黄が単座で Cu に配位している．化合物 (3) では BEDT-TTF は 2 種類あり，1 つはそれ自身が積層しており，もう 1 つは Cu にトランス型で配位している．ESR および Cu-S 距離から Cu の酸化数は +1 価である．化合物 (1)，(2)，(4) と (6) はいずれも半導体的挙動をし，室温の電気伝導度と活性化エネルギーは $\sigma_{rt}=1.6\times10^{-2}$ S cm^{-1}，$E_a=122$ meV (1)，$\sigma_{rt}=2.1$ S cm^{-1}，$E_a=21$ meV (2)，$\sigma_{rt}=5.4\times10^{-4}$ S cm^{-1}，$E_a=239$ meV (4)，$\sigma_{rt}=5.1\times10^{-2}$ S cm^{-1}，$E_a=207$ meV (6) である．化合物 (3) は室温付近で金属的挙動を示し，270～280 K で金属-半導体転移をする．化合物 (5) も室温付近で金属的であり，200～240 K 付近で金属-半導体転移をする．Cu が +1 価であるため BEDT-TTF 分子は +2 価である．このような酸化状態で金属的挙動を示すことは非常に珍しい．金属的な挙動に関しては単結晶の反射スペクトルの結果ともよい一致をしている．

このような配位形式をもった化合物は Cu^I-Br 部分をもつもののみ存在し，Cu^I-Cl や多くの他の金属イオンでは存在しないことから，ソフト・ハードの概念でうまく説明される．

15
d-σ 複合電子系錯体

　MX あるいは MMX 錯体とよばれる化合物群は 10 属の Pt, Pd, Ni 錯体がハロゲンにより架橋された擬 1 次元化合物である (図 15.1). 非常に強い電荷移動吸収帯, 大きなストークス・シフトをもつ発光, 高次の共鳴ラマン散乱, ソリトンやポーラロンに基づく物性, 巨大な 3 次非線形光学効果, 酸化物銅高温超伝導体の 1 次元モデル, といった観点から盛んに研究されている. これらは理論的には, 電子格子相互作用 (S), 電子相関 (U, V), 電子移動エネルギー

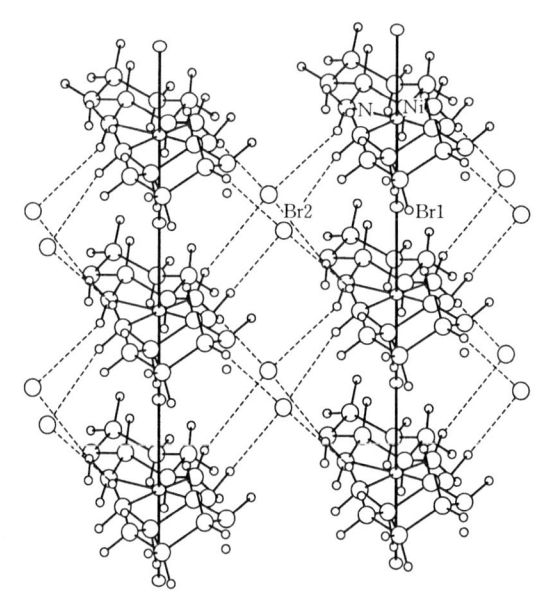

図 15.1 [Ni(chxn)$_2$Br]Br$_2$ の構造
(M. Yamashita, *et al.*, Inorg. Chem., **41**, 1998, 2002)

(T) の4つの物理パラメータの競合する拡張パイエルス-ハバード・モデルとして扱うことができる．

15.1 MX 系化合物

MX 系化合物は一般式 $M(AA)_2XY_2$ (M=Pt, Pd, Ni：X=Cl, Br, I：AA=en, chxn, etc.：Y=ClO_4, X, etc) で表すことができ，構成要素をいろいろ変えることにより 300 種以上の化合物が合成されている．もともとは架橋ハロゲン (X) が金属間の中心にあって金属の酸化数は +3 価の金属状態であると考えることができる．しかしながら，すでに KCP の際に述べたように1次元金属状態は不安定で，Pt や Pd 錯体では電子格子相互作用が強いために，架橋ハロゲンが2倍周期で金属間中心からずれた $M^{II}...X-M^{IV}-X...M^{II}$ と表される電荷密度波状態または混合原子価状態をとる．一方，山下らにより合成された Ni 錯体は，強相関電子系のために架橋ハロゲンが Ni 間の中央にある Ni^{III}-X-Ni^{III}-X-Ni^{III} のモット-ハバード状態をとる．この Ni 錯体の電子状態が詳細に調べられた結果，架橋ハロゲンのエネルギー位置が Ni^{III} イオンから構成される Upper-Hubbard band と Lower-Hubbard Band の間にあるような電荷移動型絶縁体であることがわかった．つまり，酸化物銅高温超伝導体の出発物質である酸化物銅と次元性の違いはあるものの電子状態が同じというわけである (図 15.2)．この系へのキャリアードーピングは興味がもたれる．ま

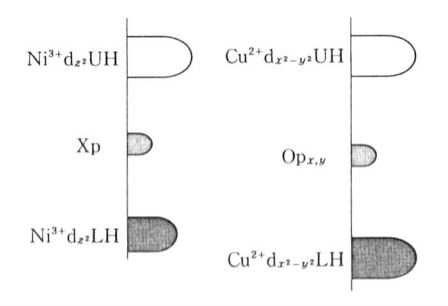

図 15.2　$Ni(chxn)_2X_3$ と CuO_2 の電子状態

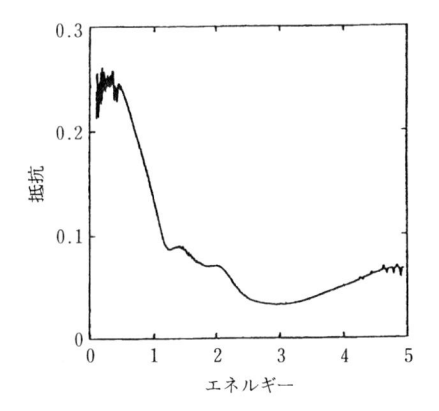

図 15.3 [Ni$_{0.882}$Co$_{0.118}$(chxn)$_2$Br]Br$_2$ の単結晶反射スペクトル
(M. Yamashita, *et al.*, Inorg. Chem., **41**, 1998, 2000)

ず,ホールドーピングとして [Ni^{III}(chxn)$_2$Br]Br$_2$(d^7) に [Co^{III}(chxn)$_2$Br$_2$]Br(d^6) をドーピングした [Ni$_{1-x}$Co$_x$(chxn)$_2$Br]Br$_2$(x=0.043, 0.093, 0.118) を電解法により単結晶として得ることに成功した[65]. 粉末 X 線のパターンがすべて同じであることから Co^{3+} イオンは Ni^{3+} 1 次元鎖中にうまくドーピングされていることがわかる. 単結晶の反射スペクトルの測定の結果, 出発物質である [Ni^{III}(chxn)$_2$Br]Br$_2$ で観測される架橋ハロゲンから Lower-Hubbard Band への 1.3 eV の吸収がドーピングに伴って減少し, 新たに 0.5 eV 付近に大きな吸収が現れており, 新しい電子状態ができていることがわかった (図 15.3). 単結晶の電気伝導度はいずれも半導体であるがドーピング量の増加に伴って 1 桁大きくなっておりホールドーピングがうまく行われていることがわかった (図 15.4). ESR の線幅の温度依存性がドーピング量の増加につれて少なくなっており, ドーピングによりスピン・格子緩和が小さくなったためである. 磁化率はドーピング量の増加にしたがってキュリースピンの量が増加している. このことも非磁性の Co^{3+} がドーピングされたためである.

一方, 電子ドーピングも行われた. [Ni^{III}(chxn)$_2$Br]Br$_2$(d^7) に [Cu(chxn)$_2$]Br$_2$(d^9) をドーピングした [Ni$_{1-x}$Cu$_x$(chxn)$_2$Br]Br$_{2-x}$ (x=0.038, 0.101) の単結

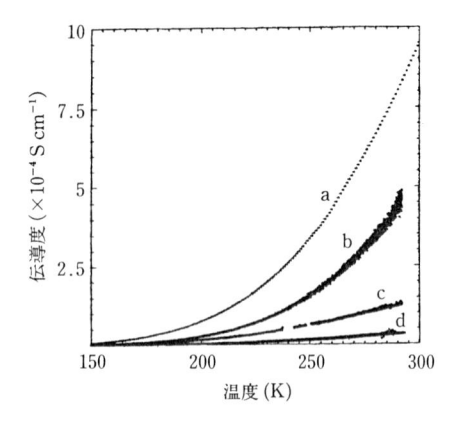

図 15.4 [Ni$_{1-x}$Co$_x$(chxn)$_2$Br]Br$_2$ の伝導度
(M. Yamashita, *et al*., Inorg. Chem., **41**, 1998, 2000)

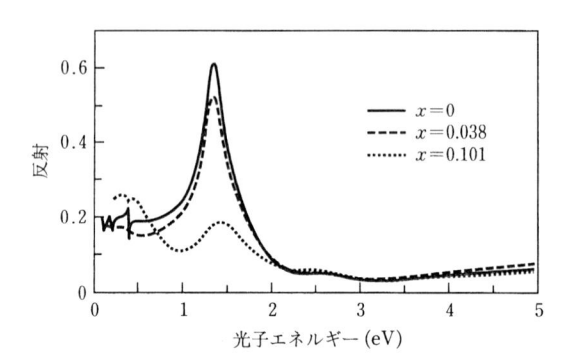

図 15.5 [Ni$_{1-x}$Cu$_x$(chxn)$_2$Br]Br$_{2-x}$ の単結晶反射スペクトル
(M. Yamashita, *et al*., Inorg, Chem., **42**, 7692, 2003)

晶を電解法により得ることに成功している[66]．ESR の結果，Cu イオンは +3 価ではなくて +2 価であることがわかった．粉末 X 線のパターンがいずれも同じことから Cu^{2+} は 1 次元鎖 Ni^{3+} のなかにうまくドーピングされていることがわかった．0.5 eV 付近に新しい吸収が現れていることから新しい電子状態がつくられていることがわかった(図 15.5)．単結晶の電気伝導度はいずれも半導体であるがドーピング量の増加に伴って伝導度も増加しており，ドーピングがうまく行っていることがわかった (図 15.6)．単結晶を用いた ESR パ

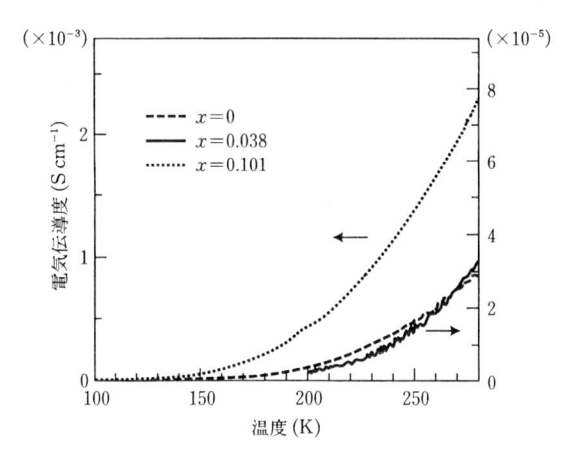

図 15.6 [Ni$_{1-x}$Cu$_x$(chxn)$_2$Br]Br$_{2-x}$ の伝導度
(M. Yamashita, *et al*., Inorg. Chem., **42**, 7692, 2003)

ターンが軸対称であることからも Cu^{2+} が 1 次元鎖内に取り込まれていることがわかった．磁化率からは Cu^{2+} の量から予想されるキュリー則に従う値が得られたことから Cu^{2+} 間や Cu^{2+}-Ni^{3+} 間にはほとんど相互作用がないことがわかった．

[Ni^{III}(chxn)$_2$Br]Br$_2$ は巨大な 3 次非線形光学効果を示すことからも注目を集めている．バンド絶縁体のポリシランやパイエルス絶縁体のポリアセチレンや同じ強相関電子系の銅酸化物に比べて 1 万倍以上の大きさである．その原因として，(1) ナノワイヤー(量子細線)であること，(2) 強相関電子系のためにシャープな CT バンドが低エネルギー側にあること，(3) 1 光子許容遷移状態と 1 光子禁制遷移状態がほぼ縮退していること，(4) 遷移双極子モーメント $\langle 1|x|2 \rangle$ が大きいこと，などが挙げられる[67]．

15.2 MMX 系化合物

ランタン型 2 量体金属錯体がハロゲンで架橋した金属錯体を MMX 系化合物とよぶ．この種の化合物は架橋ハロゲンの位置により以下に示す 4 通りの電

子状態の可能性がある.

a) $-M^{2.5+}-M^{2.5+}-X-M^{2.5+}-M^{2.5+}-X$ (モット-ハバードあるいは金属)
b) $...M^{2+}-M^{2+}...X-M^{3+}-M^{3+}-X...$ (電荷密度波状態)
c) $...M^{2+}-M^{3+}-X...M^{2+}-M^{3+}-X...$ (交互電荷分極状態)
d) $...M^{2+}-M^{3+}-X-M^{3+}-M^{2+}...X$ (スピン・パイエルス状態)

この種の化合物は2種類ある.$R_4[Pt_2(pop)_4X]\cdot nH_2O$ (R＝長鎖アルキルアンモニウム,アルカリ金属イオン,etc：X＝Cl, Br, I) と $M_2(S_2C-R)I$ (R＝-CH$_3$, -C$_2$H$_5$, etc：M＝Pt, Ni) である.前者の化合物はいずれも半導体である.X＝Cl, Br は上記 b) の電荷密度波状態をとる.一方,X＝I ではカチオンの種類により,a) と b) と c) の状態をとる.とくに R＝$(C_2H_5)H_2N^+$ の場合は圧力や光により b) と c) の間で相転移を起こす[68].

一方,北川らは $Pt_2(S_2CCH_3)_4I$ が室温付近で金属的挙動をすることを見出した (図15.7)[69].ハロゲン架橋では金属状態は初めての例である.反射スペクトルにも金属的な反射が観測されている.300 K 以上で電子状態は a) であ

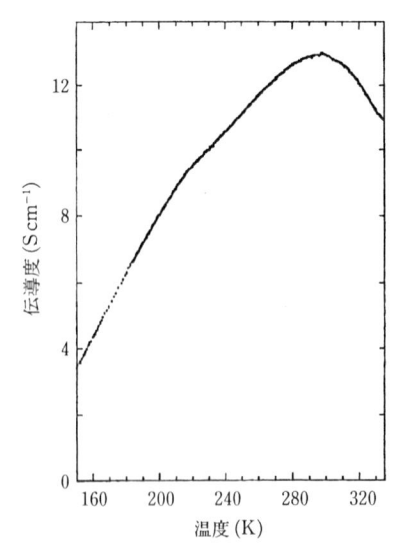

図15.7 [$Pt_2(dta)_4I$] の伝導度
(H. Kitagawa, *et al.*, J. Am. Chem. Soc., **121**, 10073, 1999)

る．1次元特有の金属状態の不安定性のために温度を下げていくと 300 K 付近で金属-絶縁体転移を起こし，c) の電荷分極相に変わり，さらに 80 K 以下の低温では d) のスピン・パイエルス相に転移することが明らかになった．これらはメスバウアー・スペクトルやラマン・スペクトル，さらには磁化率の結果ともよい一致をしている．さらに満身らはジチオ酢酸のアルキル鎖部分をエチルやプロピル基に変えた錯体の合成に成功している[70]．エチル基の化合物において，室温の結晶解析から Pt-Pt＝2.684 Å, Pt-I＝2.982, 2.978 Å であり，a) の構造をもっている．室温で金属的な挙動をし，205 K で金属-半導体転移を起こす．半導体域での電子状態は X 線の散漫散乱から 2 倍周期をもっていることから b) と d) の可能性がある．

15.3　Au^I-Au^{III} 混合原子価錯体，$Cs_2[Au^IX_2][Au^{III}X_4]$

$Cs_2[Au^IX_2][Au^{III}X_4]$ はペロブスカイト型構造をもつ Au^I-Au^{III} 混合原子価錯体である (図 15.8)．$[Au^IX_2]^-$ と $[Au^{III}X_4]^-$ が交互に積み重なっており，架橋のハロゲンは金属間中央からずれているために，常圧下では混合原子価状態をとっている．3次元的なペロブスカイト構造であるために，Au^{III} の周りは伸びた八面体型構造をしているのに対して Au^I の周りは縮んだ八面体構造を

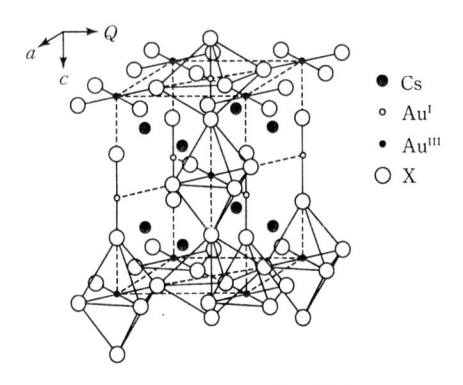

図 15.8　$Cs[Au^IX_2][Au^{III}X_4]$
(B. Brauer, *et al.*, Less-Common Metals, **21**, 289, 1970)

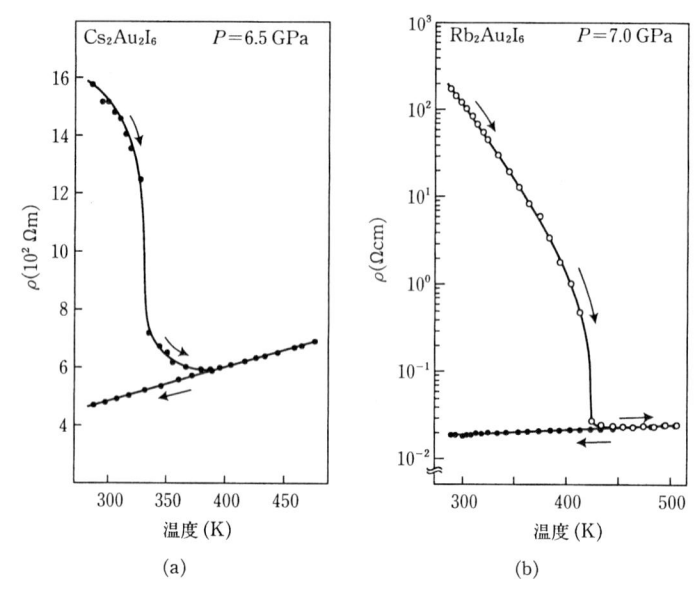

図 15.9 Au^I-Au^{III} 混合原子価状態から Au^{II} 均一状態への相転移
(N. Kojima, *et al.*, Coord. Chem. Rev., **198**, 251, 2000)

している．構造的には3次元的であるが電子的には2次元である．高温下や高圧下で現れるキュービック相は常温や常圧下のメタステイブルな状態として得ることができる．小島らは高圧をかけることにより，Au^I-Au^{III} 混合原子価状態から Au^{II} 均一状態へ相転移することを見出した[71]．この状態は ^{197}Au メスバウアー・スペクトルによっても確かめられた．この Au^{II} 均一状態は金属的な挙動をしている（図15.9）．また，$Cs_2[AuBr_2][AuBr_4]$ において光誘起相転移を観測している．

参 考 文 献

1) T. R. Koch, P. L. Johnson and J. M. Williams, Inorg. Chem., **16**, 640 (1977)
2) H. Yersin, G. Gliemann and U. Rossler, Solid State Commun., **21**, 915 (1977)
3) K. D. Keefer, D. M. Washecheck, N. P. Enright and J. M. Williams, J. Am. Chem. Soc., **98**, 233 (1976)
4) R. K. Brown and J. M. Williams, Inorg. Chem., **17**, 2607 (1978)
5) H. R. Zeller, J. Phys. Chem. Sokids, **35**, 77 (1974)
6) I. F. Shchegolev, Phys. Status Solidi, **12**, 9 (1972)
7) H. P. Geserich, et al., Phys. Status Solidi, **9**, 187 (1972)
8) R. Comes, M. Lambert, H. R. Zeller, Phys. Status, Solodi, **58**, 587 (1973)
9) K. Carneiro, G. Shirane, S. A. Werner and S. Kaiser, Phys. Rev., B**13**, 4258 (1976)
10) W. Heiber and H. Lagally, Z. Anorg. Allgem. Chem., **246**, 138 (1941)
11) K. Krogmann, W. Binder and H. D. Hausen, Angew. Chem., **80**, 844 (1968)
12) F. N. Lecronen, M. J. Minot and J. H. Perlstein, Inorg. Nucl. Chem. lett., **8**, 173 (1972)
13) A. P. Ginsberg, et al., Inorg. Chem., **15**, 514 (1976)
14) W. Gitzel, H. J. Keller, H. H. Rupp and K. Seibold, Z. Naturforsch, B**27**, 365 (1972)
15) H. Kobayashi, H. Shirotani, A. Kobayashi and Y. Sasaki, Solid State Commun., **23**, 409 (1977)
16) A. Kobayashi, Y. Sasaki and H. Kobayashi, Bull. Chem. Soc. Jpn., **52**, 3682 (1979)
17) K. Krogmann, Z. Anorg. Allg. Chem., **358**, 97 (1968)
18) T. W. Thomas, et al., J. Chem. Soc., A**2050** (1972)
19) H. Endres, H. J. Keller, R. Lehmann and J. Weiss, Acta Crystallogr. B**32**, 627 (1976)
20) A. Gleizes, T. J. Marks and J. A. Ibers, J. Am. Chem. Soc., **97**, 3545 (1975)
21) L. D. Brown, et al., J. Am. Chem. Soc., **101**, 2937 (1979)
22) H. Endres, Angewandt. Chem. Int. Ed. Engl., **21**, 524 (1982)
23) H. Kitagawa, H. Okamoto, T. Mitani and M. Yamashita, Mol. Cryst. Liq. Cryst., **228**, 155 (1993)
24) T. Itoh, J. Toyoda, M. Tadokoro, H. Kitagawa, T. Mitani and K. Nakasuji, Chem. Lett., 1995, 41
25) M. S. McClure, et al., Bull. Am. Phys. Soc., **25**, 314 (1980)
26) R. P. Scaringe, C. J. Schramm, D. R. Stojakovic, B. M. Hoffman, J. A. Ibers and T. J. Marks, J. Am. Chem. Soc., **102**, 6702 (1980)
27) B. S. Erier, W. F. Scholz, Y. J. Lee, W. R. Scheidt and C. A. Reed, J. Am. Chem. Soc., **109**, 2644 (1987)
28) 薬師久弥, 応用物理, **64**, 985 (1995)
29) M. Matsuda, et al., J. Mater. Chem., **10**, 631 (2000)
30) T. E. Phillips and B. M. Hoffman, J. Am. Chem. Soc., **99**, 7734 (1977)
31) D. Jerome, A. Mazaud, M. Ribault, K. Bechgaard, J. Phys. Lett. (Paris), **41**, 95 (1980)

32) H. Urayama, H. Yamochi, G. Saito, *et al.*, Chem. Lett., **55** (1988)
33) A. M. Kini, *et al.*, J. Am. Chem. Sco., **29**, 2555 (1990)
34) H. Mori, S. Tanaka, T. Mori and Y. Maruyama, Bull, Chem. Soc. Jpn., **68**, 1136 (1995)
35) T. Mallah, C. Hollis, S. Bott, M. Kurmoo, P. Day, M. Allan and R. H. Friend, J. Chem. Soc., Dalton Trans., 859 (1990)
36) P. Day, *et al.*, J. Am. Chem. Soc., **114**, 10722 (1992)
37) K. Suzuki, J. Yamaura, N. Sugiyasu and T. Enoki, Synth. Met., **55-57**, 2191 (1993)
38) T. Naito, *et al.*, J. Mater. Chem., **11**, 2221 (2001)
39) H. Miyasaka, *et al.*, J. Solid State Chem., **168**, 418 (2002)
40) T. Naito and T. Inabe, J. Solid State Chem., **176** (1), 243 (2003)
41) R. Kanehama, *et al.*, Synth. Met., **135-136**, 633 (2003)
42) P. L. Mgueres, L. Ouahab, N. Conan., *et al.*, Solid State Commun., **97**, 27 (1996)
43) M. Kurmoo, *et al.*, J. Am. Chem. Soc., **117**, 12209 (1995)
44) L. martin, S. S. Turner, P. Day, F. E. Mabbs and E. J. L. McInnes, Chem Commun., 1367 (1997)
45) S. Triki, *et al.*, Inorg. Chem., **40**, 5127 (2001)
46) E. Coronado, J. R. M-. Mascaros, C. J. G-. Garcia and V. Laukhin, Nature, **408**, 447 (2000)
47) H. Kobayashi, H. Tomita, T. Nakano, A. Kobayashi, F. Sakai, T. Watanabe and P. Cassoux, J. Am. Chem. Soc., **118**, 368 (1996)
48) E. Ojima, H. Fujiwara, K. Kato, H. Kobayashi, H. Tanaka, A. Kobayashi, M. Tokumoto and P. Cassoux, J. Am. Chem. Soc., **121**, 5581 (1999)
49) A. Alberola, E. Coronado, *et al.*, J. Am. Chem. Soc., **125**, 10774 (2003)
50) K. Enomoto, A. Miyazaki and T. Enoki, Synth. Met., **120**, 977 (2001)
51) S. Hunig, J. Mater. Chem., **5**, 1469 (1995)
52) 加藤礼三, 固体物理, **30**, 113 (1995)
53) R. Kato, H. Sawa, S. Aonuma, M. Tamura, K. Hiraki and T. Takahashi, Solid State Commun., **85**, 831 (1993)
54) A. Kobayashi, R. Kato, H. Kobayashi, T. Mori, H. Inokuchi, Phys. Rev., B**38**, 5913 (1988)
55) R. Kato, H. Kobayashi and A. Kobayashi, J. Am. Chem. Soc., **111**, 5224 (1989)
56) L. Brossard, M. Ribault, L. Valade and P. Cassoux, J. Phys. France, **50**, 1521 (1989)
57) A. Kobayashi, *et al.*, Chem. Lett., 1891 (1987)
58) H. Tajima, M. Inokuchi, A. Kobayashi, T. Ohta, R. Kato, H. Kobayashi and H. Kuroda, Chem. Lett., 1235 (1993)
59) T. Akutagawa, T. Nakamura, *et al.*, Chem. Eur. J., **7**, 4902 (2001)
60) S. Nishihara, T. Akutagawa, T. Nakamura, *et al.*, J. Solid State Chem., **168**, 661 (2002)
61) S. Nishihara, T. Akutagawa, T. Nakamura, *et al.*, Synth. Met., **137**, 1279 (2003)
62) A. Sato, H. Kobayashi, T. Naito, F. Sakai and A. Kobayashi, Inorg. Chem., **36**, 5262

(1997)
63) H. Tanaka, Y. Okano, H. Kobayashi, W. Suzuki and A. Kobayashi, Science, **291**, 285 (2001)
64) R. Kanehama, M. Yamashita, et al., Inorg. Chem., **42**, 7173 (2003)
65) M. Yamashita, et al., Inorg. Chem., **41**, 1998 (2002)
66) M. Yamashita, T. Ono, S. Matsunaga, M. Sasaki, S. Takaishi, F. Iwahori, H. Miyasaka, K. -i. Sugiura, H. Kishida, H. Okamoto, H. Tanaka, Y. Hasegawa, K. Marumoto, H. Ito, S. Kuroda, and N. Kimura, Inorg. Chem., **42**, 7692-7694 (2003)
67) H. Kishida, H. Matsuzaki, H. Okamoto, T. Manabe, M. Yamashita, Y. Taguchi and Y. Tokura, Nature, **405**, 929 (2000)
68) H. Matsuzaki, T. Matsuoka, H. Kishida, K. Takizawa, H. Miyasaka, K. Sugiura, M. Yamashita and H. Okamoto, Phys. Rev. Lett., **90**, 046401-1-046401-4 (2003)
69) H. Kitagawa, et al., J. Am. Chem. Soc., **121**, 10068 (1999)
70) M. Mitsumi, et al., J. Am. Chem. Soc., **123**, 11179 (2001)
71) N. Kojima and N. Matsushita, Coord. Chem. Rev., **198**, 251 (2000)

索　引

欧　文

BCS 理論　51
CDW　39
charge density wave　39
crossing band　181
dmise 配位子　180
domain　69
DPO　95
$d-\pi$ 相互作用　161
$d-\pi$ 複合電子系　7
$d-\sigma$ 電子系　7
d 電子　54
d 電子系錯体　90
effective mass　28
g テンソル　64
HOMO　79
kinetic exchange　61
Krogmann Salts　92
Lower-Hubbard Band　186
LUMO　79
nearly free electron model　16
parallel band　181
potential exchange　61
RKKY 相互作用　62, 77, 132
RVB 状態　176
SDW　39
sd 相互作用　77
single ion anisotropy　64
spin canting　63
spin density wave　39
tight binding apporoximation　28
transfer integral　27
Upper-Hubbard band　186
XY 型　63

ア　行

アクセプター　79
アクセプター性超伝導体　171
アニオン欠損タイプ　92

イジング型　63
1 次元鎖金属　93
1 重項-3 重項熱励起　179

運動学的交換相互作用　62

エネルギーギャップ　23
エプシュタイン-コンウェル機構　112

オームの法則　32

カ　行

カウンターアニオン　143
カウンターイオン　143
化学的圧力　168
拡張パイエルス-ハバード・モデル　186
カチオン欠損タイプ　92
活性化エネルギー　33
感受率　40
干渉効果　22
完全導電性　48
完全反磁性　49

基底状態　81
軌道角運動量の消失　58
キュリー点　67
キュリーの法則　58
キュリーワイス則　124
キュリーワイスの式　67
共鳴ラマン散乱　185
局在スピン　77
金属状態　86
金属-絶縁体転移　86
金属のスピン常磁性　36

クーパー対　51
グリューナイゼンの公式　32
クロッグマン塩　92

交換相互作用　61

交互積層型　1
交差バンド　181
格子振動　10
格子歪　43
格子比熱　14
コーン異常　45, 98
混合原子価　149
混合積層型　84
困難軸　70

サ　行

最高占有分子軌道　79
最低非占有分子軌道　79
3次非線形光学効果　185
散漫散乱　98
散乱強度　98
残留磁化　69

磁化率　34, 57
磁気比熱　74
磁気モーメント　54, 159
磁気モーメント源　159
磁区　69
磁性超伝導体　155
磁場誘起 SDW 相　136
磁場誘起超伝導　161
ジャロシンスキー-守屋相互作用　63
自由電子　16
シュブニコフード・ハース振動　138
状態密度　14
人工イオンチャンネル　175

ストークス・シフト　185
スピンギャップ　176
スピンキャンティング　63
スピン状態　60
スピン2量体系　75
スピン波　71
スピンパイエルス転移　77
スピン-フロップ転移　70
スピン密度波　39, 47, 135
スピン密度波ギャップ　47
スピン容易軸　69
スピンラダー化合物　176

絶縁体　85
ゼーマン効果　34
零磁場分裂パラメータ　64

双極子-双極子相互作用　61
相転移　73
ソフトマグネット　158
ソリトン　185

タ　行

第1ブリルアン帯　11, 27
第1臨界磁場　50
第1種超伝導体　50
第2種超伝導体　50
第2臨界磁場　50
単一イオンの異方性　64

長距離の相互作用　61
超交換相互作用　61
超伝導　48
　　——の起源　51
　　——を示す分子　6
超伝導体　137
　　常圧の——　172
　　——の歴史　4
超伝導転移点　53
直接交換相互作用　61

強く束縛された近似　28

デバイ温度　13
デバイ振動数　53
電荷移動エネルギー　83
電荷移動型錯体　1, 79
電荷移動型絶縁体　186
電荷移動吸収帯　83
電荷整列状態　47
電荷の粗密　43
電荷密度波　39, 41
電子間クーロン反発　46
電子供与体　79
電子-格子相互作用　44
電子受容体　79
電子数の温度依存性　34
電子ドーピング　187
電子比熱　30, 38
伝導性金属錯体　5
伝導電子　77
伝導度　108
伝導バンド　24

同位体効果　53
動的イオン場　175

ドナー 79
ド・ブロイの法則 30
トランスファー積分 27

ナ 行

2次元金属 140

ネスティング 42, 143
ネスティングベクトル 42
熱起電力 37
ネール点 68

ハ 行

π–d 相互作用 132
π–(d) 電子系 116
π–d 融合電子系錯体 166
パイエルス・ギャップ 42
パイエルス転移 2, 44, 96, 171
パイエルス歪 44, 97
パイエルス不安定性 41
ハイゼンベルグ型 63
パウリ・エネルギー 18
パウリ常磁性 35
パウリの原理 24
反強磁性超伝導体 162
バンド 24
半導体 84

ヒステリシス 69

フェルミ・エネルギー 20
フェルミ球 19
フェルミ波数 19
フェルミ面 19
　——のネスティング 42, 169
フェルミ粒子 18
フォノン 11
　——の状態密度 14
　——のソフト化 46
部分酸化度 95, 104
プラズマ吸収端 97
ブラッグ散乱 22
ブリルアン関数 57
分散関係 11
分子積層構造 84
分子場 66

分子場近似 66
分子ローター 179
フント則 54
分離積層型 1, 84
分離積層型錯体 86

平均場近似 66
平行バンド 181
ペロブスカイト型構造 191

ボーア磁子 35
ボース粒子 12
ポテンシャル交換相互作用 61
ポーラロン 185
ホール係数 38

マ 行

マイスナー効果 48
マクスウェルの方程式 48
マグナス緑色塩 5
マグノン 71

モット絶縁体 85
モット転移 86
モット–ハバード系 127

ヤ 行

ヤーン–テラー効果 149

有機超伝導体 137
有効質量 28

ラ 行

ランデの g 因子 55

リエントラント現象 167
臨界磁場 50
励起された電子数 33
励起状態 81

ローレンツ力 37, 48
ロンドンの侵入深さ 49
ロンドンの第1方程式 48

ワイス温度 67

著者略歴

山下　正廣（やました まさひろ）

1954 年	佐賀県に生まれる
1982 年	九州大学大学院理学研究科博士課程修了
1982 年	分子科学研究所博士研究員
1985 年	九州大学助手
1989 年	名古屋大学助教授
1998 年	名古屋大学教授
1999 年	東京都立大学教授
現　在	東北大学大学院理学研究科化学専攻教授
	理学博士

榎　敏明（えのき としあき）

1946 年	群馬県に生まれる
1974 年	京都大学大学院理学研究科博士課程修了
1974 年	京都大学理学部研究員
1977 年	分子科学研究所助手
1984 年	マサチューセッツ工科大学客員研究員
1987 年	東京工業大学理学部助教授
1991 年	東京工業大学理学部教授
現　在	東京工業大学大学院理工学研究科化学専攻教授
	理学博士

朝倉化学大系 15

伝導性金属錯体の化学

定価はカバーに表示

2004 年 12 月 10 日　初版第 1 刷
2009 年 11 月 25 日　　　第 2 刷

著　者	山　下　正　廣
	榎　　敏　　明
発行者	朝　倉　邦　造
発行所	株式会社 朝倉書店

東京都新宿区新小川町 6-29
郵便番号　162-8707
電　話　03 (3260) 0141
FAX　03 (3260) 0180
http://www.asakura.co.jp

〈検印省略〉

©2004〈無断複写・転載を禁ず〉　　中央印刷・渡辺製本

ISBN 978-4-254-14645-5　C3343　　Printed in Japan

好評の事典・辞典・ハンドブック

オックスフォード科学辞典	山崎　昶 訳	B5判 936頁
恐竜イラスト百科事典	小畠郁生 監訳	A4判 260頁
植物ゲノム科学辞典	駒嶺　穆ほか5氏 編	A5判 416頁
植物の百科事典	石井龍一ほか6氏 編	B5判 560頁
石材の事典	鈴木淑夫 著	A5判 388頁
セラミックスの事典	山村　博ほか1氏 監修	A5判 496頁
建築大百科事典	長澤　泰ほか5氏 編	B5判 720頁
サプライチェーンハンドブック	黒田　充ほか1氏 監訳	A5判 736頁
金融工学ハンドブック	木島正明 監訳	A5判 1028頁
からだと水の事典	佐々木　成ほか1氏 編	B5判 372頁
からだと酸素の事典	酸素ダイナミクス研究会 編	B5判 596頁
炎症・再生医学事典	松島綱治ほか1氏 編	B5判 584頁
果実の事典	杉浦　明ほか4氏 編	A5判 636頁
食品安全の事典	日本食品衛生学会 編	B5判 660頁
森林大百科事典	森林総合研究所 編	B5判 644頁
漢字キーワード事典	前田富祺ほか1氏 編	B5判 544頁
王朝文化辞典	山口明穂ほか1氏 編	B5判 640頁
オックスフォード言語学辞典	中島平三ほか1氏 監訳	A5判 496頁
日本中世史事典	阿部　猛ほか1氏 編	A5判 920頁

価格・概要等は小社ホームページをご覧ください．